Conserver absolument les gardes du cart.

V.

a conserver

ANALYSE

DES

INFINIMENT PETITS,

Pour l'intelligence des lignes courbes.

 A PARIS,

DE L'IMPRIMERIE ROYALE.

M. DC. XCVI.

PREFACE.

’ANALYSE qu’on explique dans cet Ouvrage, fuppofe la commune ; mais elle en eft fort différente. L’Analyfe ordinaire ne traitte que des grandeurs finies : celle-ci penetre jufques dans l’infini même. Elle compare les différences infiniment petites des grandeurs finies ; elle découvre les rapports de ces différences : & par-là elle fait connoître ceux des grandeurs finies, qui comparées avec ces infiniment petits font comme autant d’infinis. On peut même dire que cette Analyfe s’étend au delà de l’infini : car elle ne fe borne pas aux différences infiniment petites ; mais elle découvre les rapports des différences de ces

á

différences, ceux encore des différences troifiémes, quatriémes, & ainfi de fuite, fans trouver jamais de terme qui la puiffe arrêter. De forte qu'elle n'embraffe pas feulement l'infini ; mais l'infini de l'infini, ou une infinité d'infinis.

Une Analyfe de cette nature pouvoit feule nous conduire jufqu'aux véritables principes des lignes courbes. Car les courbes n'étant que des polygones d'une infinité de côtés, & ne différant entr'elles que par la différence des angles que ces côtés infiniment petits font entr'eux ; il n'appartient qu'à l'Analyfe des infiniment petits de déterminer la pofition de ces côtés pour avoir la courbure qu'ils forment, c'eft-à-dire les tangentes de ces courbes, leurs perpendiculaires, leurs points d'infléxion ou de rebrouffement, les rayons qui s'y réfléchiffent, ceux qui s'y rompent, &c.

Les polygones infcrits ou circonfcrits aux courbes, qui par la multiplication infinie de leurs côtés, fe confondent enfin avec elles, ont été pris de tout temps pour les courbes mêmes. Mais on en étoit demeuré là : ce n'eft que depuis la découverte de l'Analyfe dont il s'agit ici, que l'on a bien senti l'étenduë & la fécondité de cette idée.

Ce que nous avons des Anciens sur ces matiéres, principalement d'*Archimede*, est assurément digne d'admiration. Mais outre qu'ils n'ont touché qu'à fort peu de courbes, qu'ils n'y ont même touché que légérement; ce ne sont presque par tout que propositions particulieres & sans ordre, qui ne font apercevoir aucune méthode réguliere & suivie. Ce n'est pas cependant qu'on leur en puisse faire un reproche légitime: ils ont eu besoin d'une extrême force de génie * pour percer à travers tant d'obscurités, & pour entrer les premiers dans des païs entiérement inconnus. S'ils n'ont pas été loin, s'ils ont marché par de longs circuits; du moins, quoy qu'en dise † *Viette*, ils ne se font point égarés: & plus les chemins qu'ils ont tenus étoient difficiles & épineux, plus ils font admirables de ne s'y être pas perdus. En un mot, il ne paroît pas que les Anciens en ayent pû faire davantage pour leur temps: ils ont fait ce que nos bons esprits auroient fait en leur place; & s'ils étoient à la nôtre, il est à croire qu'ils auroient les mêmes vuës que nous. Tout cela est une

Note marginale:

** Archimedis de lineis spiralibus tractatum cum bis terque legissem, totasque animi vires intendissem, ut subtilissimarum demonstrationum de spiralium tangentibus artificium adsequerer; nusquam tamen, ingenuè fatebor, ab earum contemplatione ita certus recessi, quin scrupulus animo semper hæreret, vim illius demonstrationis me non percepisse totam, &c.* Bullialdus Præf. de lineis spiralibus.

† Si verè Archimedes, fallaciter conclusit Euclides, &c. Suppl. Geomet.

fuite de l'égalité naturelle des efprits & de la fucceffion néceffaire des découvertes.

Ainfi il n'eft pas furprenant que les Anciens n'ayent pas été plus loin ; mais on ne fçauroit affés s'étonner que de grands hommes, & fans doute d'auffi grands hommes que les Anciens, en foient fi long-temps demeurés là ; & que par une admiration prefque fuperftitieufe pour leurs ouvrages, ils fe foient contentés de les lire & de les commenter, fans fe permettre d'autre ufage de leurs lumiéres, que ce qu'il en falloit pour les fuivre ; fans ofer commettre le crime de penfer quelques fois par eux-mêmes, & de porter leur vuë au delà de ce que les Anciens avoient découvert. De cette maniére bien des gens travailloient, ils écrivoient, les livres fe multiplioient, & cependant rien n'avançoit : tous les travaux de plufieurs fiécles n'ont abouti qu'à remplir le monde de refpectueux commentaires & de traductions répetées d'originaux fouvent affés méprifables.

Tel fut l'état des Mathématiques, & fur tout de la Philofophie, jufqu'à M. *Defcartes.* Ce grand homme pouffé par fon génie & par la fupériorité qu'il fe fentoit, quitta les Anciens pour ne fuivre que cette même

raiſon que les Anciens avoient ſuivie ; & cette heureuſe hardieſſe, qui fut traitée de ré-
volte, nous valut une infinité de vuës nouvelles & utiles ſur la Phyſique & ſur la Géometrie. Alors on ouvrit les yeux, & l'on s'a-
viſa de penſer.

Pour ne parler que des Mathématiques,
dont il eſt ſeulement ici queſtion, M. *Deſcartes* commença où les Anciens avoient fini, & il débuta par la ſolution d'un Problême où *Pappus* dit * qu'ils étoient tous demeurés. On ſçait juſqu'où il a porté l'Analyſe & la Géometrie, & combien l'alliage
qu'il en a fait, rend facile la ſolution d'une
infinité de Problêmes qui paroiſſoient im-
pénétrables avant luy. Mais comme il s'ap-
pliquoit principalement à la réſolution des
égalités, il ne fit d'attention aux courbes
qu'autant qu'elles luy pouvoient ſervir à en
trouver les racines : de ſorte que l'Analyſe
ordinaire luy ſuffiſant pour cela, il ne s'a-
viſa point d'en chercher d'autre. Il n'a pourtant pas laiſſé de s'en ſervir heureuſement
dans la recherche des Tangentes ; & la Méthode qu'il découvrit pour cela, luy parut
ſi belle, qu'il ne fiſt point de difficulté de
dire *, que *ce Problême étoit le plus utile*

* *Collect. Ma-*
them. Lib. 7.
initio.

* *Géomet. liv.*
2.

& le plus général, non seulement qu'il sçût, mais même qu'il eût jamais desiré de sça-voir en Géometrie.

Comme la Géometrie de M. *Descartes* a-voit mis la construction des Problêmes par la résolution des égalités fort à la mode, & qu'elle avoit donné de grandes ouvertures pour cela; la plufpart des Géometres s'y ap-pliquerent, ils y firent auffi de nouvelles dé-couvertes, qui s'augmentent & fe perfe-ctionnent encore tous les jours.

Pour M. *Paschal*, il tourna fes vuës de tout un autre côté : il éxamina les courbes en elles-mêmes, & fous la forme de poly-gone; il recherche les longueurs de quel-ques-unes, l'efpace qu'elles renferment, le folide que ces efpaces décrivent, les centres de gravité des unes & des autres, &c. Et par la confidération feule de leurs élémens, c'eft-à-dire des infiniment petits, il décou-vrit des Méthodes générales & d'autant plus furprenantes, qu'il ne paroît y être arrivé qu'à force de tête & fans analyfe.

Peu de temps aprés la publication de la Méthode de M. *Descartes* pour les tangen-tes, M. *de Fermat* en trouva auffi une, que M. *Descartes* a enfin avoüé * luy-même être

** Lett. 71. Tom. 3.*

PREFACE.

plus fimple en bien des rencontres que la fienne. Il eft pourtant vray qu'elle n'étoit pas encore auffi fimple que M. *Barrow* l'a renduë depuis en confidérant de plus prés la nature des polygones, qui préfente naturellement à l'efprit un petit triangle fait d'une particule de courbe, comprife entre deux appliquées infiniment proches, de la différence de ces deux appliquées, & de celle des coupées correfpondantes; & ce triangle eft femblable à celuy qui fe doit former de la tangente, de l'appliquée, & de la foutangente : de forte que par une fimple Analogie cette derniere méthode épargne tout le calcul que demande celle de M. *Defcartes*, & que cette méthode, elle-même, demandoit auparavant.

M.[*]*Barrow* n'en demeura pas là, il inventa auffi une efpéce de calcul propre à cette méthode; mais il luy falloit, auffi-bien que dans celle de M. *Defcartes*, ôter les fractions, & faire évanoüir tous les fignes radicaux pour s'en fervir.

Au défaut de ce calcul eft furvenu celuy du célébre [¶]M. *Leibnis*; & ce Sçavant Géometre à commencé où M. *Barrow* & les autres avoient fini. Son calcul l'a mené dans

[*] *Lect. geomet. p. 80.*

[¶] *Acta Erud. Lipf. an. 1684. p. 467.*

des païs jufqu'ici inconnus; & il y a fait des découvertes qui font l'étonnement des plus habiles Mathématiciens de l'Europe. M^{rs}*Bernoulli* ont été les premiers qui fe font aperçus de la beauté de ce calcul : ils l'ont porté à un point qui les a mis en état de furmonter des difficultés qu'on n'auroit jamais ofé tenter auparavant.

L'étenduë de ce calcul eft immenfe : il convient aux Courbes mécaniques, comme aux géometriques ; les fignes radicaux luy font indifferens, & même fouvent commodes ; il s'étend à tant d'indéterminées qu'on voudra ; la comparaifon des infiniment petits de tous les genres luy eft également facile. Et de là naiffent une infinité de découvertes furprenantes par rapport aux Tangentes tant courbes que droites , aux queftions *De maximis & minimis,* aux points d'infléxion & de rebrouffement des courbes, aux Dévelopées , aux Cauftiques par réfléxion ou par réfraction , &c. comme on le verra dans cet ouvrage.

Je le divife en dix Sédions. La premiere contient les principes du Calcul des différences. La feconde fait voir de quelle maniére l'on s'en doit fervir pour trouver les Tangen-

tes

tes de toutes fortes de courbes, quelque nombre d'indéterminées qu'il y ait dans l'équation qui les exprime, quoique M. *Craige* *
n'ait pas crû qu'il pût s'étendre jufqu'aux
courbes mécaniques ou tranfcendantes. La
troifiéme, comment il fert à réfoudre toutes
les queftions *De maximis & minimis.* La
quatriéme, comment il donne les points d'infléxion & de rebrouffement des courbes. La
cinquiéme en découvre l'ufage pour trouver les Dévelopées de M. *Hugens,* dans toutes fortes de courbes. La fixiéme & la feptié-
me font voir comment il donne les Cauftiques, tant par réfléxion que par réfraction,
dont l'illuftre M. *Tfchirnhaus* eft l'inven-
teur, & pour toutes fortes de courbes encore.
La huitiéme en fait voir encore l'ufage pour
trouver les points des lignes courbes qui
touchent une infinité de lignes données de
pofition, droites ou courbes. La neuviéme
contient la folution de quelques Problêmes
qui dépendent des découvertes précédentes.
Et la dixiéme confifte dans une nouvelle maniére de fe fervir du Calcul des différences
pour les courbes géometriques : d'où l'on déduit la Méthode de Mrs *Defcartes* & *Hudde,* laquelle ne convient qu'à ces fortes de courbes.

é

* De figurarum
curvilinearum
quadraturis,
part. 2.

Il est à remarquer que dans les Sétions
2, 3, 4, 5, 6, 7, 8, il n'y a que tres-peu de Propositions ; mais elles sont toutes générales,
& comme autant de Méthodes dont il est
aisé de faire l'application à tant de propositions particulieres qu'on voudra : je la fais
seulement sur quelques éxemples choisis,
persuadé qu'en fait de Mathématique il n'y
a à profiter que dans les méthodes, & que
les livres qui ne consistent qu'en détail ou
en propositions particulieres, ne sont bons
qu'à faire perdre du temps à ceux qui les
sont, & à ceux qui les lisent. Aussi n'ay-je
ajoûté les Problêmes de la Sétion neuviéme, que parce qu'ils passent pour curieux
& qu'ils sont tres-universels. Dans la dixiéme Sétion ce ne sont encore que des Méthodes que le Calcul des différences donne
à la maniére de Mrs *Descartes* & *Hudde* ; &
si elles sont si limitées, on voit par toutes
les précédentes que ce n'est pas un défaut de
ce calcul, mais de la Méthode Cartésienne
à laquelle on l'assujetit. Au contraire rien
ne prouve mieux l'usage immense de ce calcul, que toute cette variété de méthodes ;
& pour peu d'attention qu'on y fasse, l'on
verra qu'il tire tout ce qu'on peut tirer de

celle de Mrs *Descartes* & *Hudde*, & que la preuve univerſelle qu'il donne, de l'uſage qu'on y fait des progreſſions arithmétiques, ne laiſſe plus rien à ſouhaiter pour l'infailli-bilité de cette derniere Méthode.

J'avois deſſein d'y ajoûter encore une Sé-ction pour faire ſentir auſſi le merveilleux uſage de ce calcul dans la Phyſique, juſqu'à quel point de préciſion il la peut porter, & combien les Mécaniques en peuvent retirer d'utilité. Mais une maladie m'en a empeſ-ché : le public n'y perdra pourtant rien, & il l'aura quelque jour même avec uſure.

Dans tout cela il n'y a encore que la pre-miere partie du calcul de M. *Leibnis*, laquel-le conſiſte à deſcendre des grandeurs entié-res à leurs différences infiniment petites, & à comparer entr'eux ces infiniment petits de quelque genre qu'ils ſoient : c'eſt ce qu'on appelle *Calcul différentiel.* Pour l'autre par-tie, qu'on appelle *Calcul intégral,* & qui con-ſiſte à remonter de ces infiniment petits aux grandeurs ou aux touts dont ils ſont les différences, c'eſt-à-dire à en trouver les ſom-mes, j'avois auſſi deſſein de le donner. Mais M. *Leibnis* m'ayant écrit qu'il y travailloit dans un Traité qu'il intitule *De Scientiâ in-*

ẽ ij

finiti, je n'ay eu garde de priver le public d'un fi bel Ouvrage qui doit renfermer tout ce qu'il y a de plus curieux pour la Méthode inverfe des Tangentes, pour les Réctifications des courbes, pour la Quadrature des efpaces qu'elles renferment, pour celle des furfaces des corps qu'elles décrivent, pour la dimenfion de ces corps, pour la découverte des centres de gravité, &c. Je ne rends même ceci public, que parce qu'il m'en a prié par fes lettres, & que je le crois néceffaire pour préparer les efprits à comprendre tout ce qu'on pourra découvrir dans la fuite fur ces matiéres.

Au refte je reconnois devoir beaucoup aux lumieres de Mʳˢ *Bernoulli,* fur tout à celles du jeune prefentement Profeffeur à Groningue. Je me fuis fervi fans façon de leurs découvertes & de celles de M. *Leibnis.* C'eft-pourquoy je confens qu'ils en revendiquent tout ce qu'il leur plaira, me contentant de ce qu'ils voudront bien me laiffer.

C'eft encore une juftice dûë au fçavant M. *Newton,* & que M. *Leibnis* luy a rendûë * luy-même : Qu'il avoit auffi trouvé quelque chofe de femblable au Calcul différentiel, comme il paroît par l'excellent Livre intitulé *Philosophiæ naturalis principia Mathematica*, qu'il nous donna en 1687. lequel est presque tout de ce calcul. Mais la Caractéristique de M. *Leibnis* rend le sien beaucoup plus facile & plus expéditif ; outre qu'elle est d'un secours merveilleux en bien des rencontres.

Comme l'on imprimoit la derniere feüille de ce Traité, le Livre de M. *Nieuwentiit* m'est tombé entre les mains. Son titre, *Analysis infinitorum*, m'a donné la curiosité de le parcourir : mais j'ai trouvé qu'il étoit fort différent de celui-ci ; car outre que cet Auteur ne se sert point de la Caractéristique de M. *Leibnis*, il rejette absolument les différences secondes, troisiémes, &c. Comme j'ai basti la meilleure partie de cet Ouvrage sur ce fondement, je me croirois obligé de répondre à ses objections, & de faire voir combien elles sont peu solides, si M. *Leibnis* n'y avoit déja pleinement satisfait dans les Actes * de Leypsick. D'ailleurs les deux demandes ou suppositions que j'ai faites au commencement de ce Traité, & sur lesquelles seules il est appuyé, me paroissent si évidentes, que je ne croy pas qu'elles puissent laisser au-

* *Acta Erud. an. 1695. p. 310. & 369.*

cun doute dans l'efprit des Lecteurs atten-
tifs. Je les aurois même pû démontrer facilement à la maniére des Anciens, fi je ne
me fuffe propofé d'eftre court fur les cho-
fes qui font déja connuës, & de m'atta-
cher principalement à celles qui font nouvelles.

TABLE.

SECTION. I. *Où l'on donne les Regles du calcul des Différences,* pag. 1.

SECT. II. *Usage du calcul des différences pour trouver les Tangentes de toutes sortes de lignes courbes,* 11.

SECT. III. *Usage du calcul des différences pour trouver les plus grandes & les moindres appliquées, où se réduisent les questions De maximis & minimis,* 41.

SECT. IV. *Usage du calcul des différences pour trouver les points d'infléxion & de rebroussement,* 55.

SECT. V. *Usage du calcul des différences pour trouver les Dévelopées,* 71.

SECT. VI. *Usage du calcul des différences pour trouver les Caustiques par réfléxion,* 104.

SECT. VII. *Usage du calcul des différences pour trouver les Caustiques par réfraction,* 120.

SECT. VIII. *Usage du calcul des différences pour trouver les points des lignes courbes qui touchent une infinité de lignes données de position, droites ou courbes,* 131.

SECT. IX. *Solution de quelques Problêmes qui dépendent des Méthodes précédentes,* 145.

TABLE.

Sect. X. *Nouvelle maniére de se servir du calcul des différences dans les courbes geométriques, d'où l'on déduit la Methode de Mrs Descartes & Hudde,* 164.

g. audran f.

ANALYSE

ANALYSE

DES
INFINIMENT PETITS.

PREMIERE PARTIE.

DU CALCUL DES DIFFERENCES.

SECTION PREMIERE.

Où l'on donne les regles de ce calcul.

DEFINITION I.

ON appelle quantités *variables* celles qui augmentent ou diminuent continuellement ; & au contraire quantités *constantes* celles qui demeurent les mêmes pendant que les autres changent. Ainsi dans une parabole les appliquées & les coupées sont des quantités variables, au lieu que le parametre est une quantité constante.

A

DÉFINITION II.

La portion infiniment petite dont une quantité variable augmente ou diminuë continuellement, en est appellée la *Différence*. Soit par exemple une ligne courbe quelconque *A M B*, qui ait pour axe ou diametre la ligne *A C*, & pour une de ses appliquées la droite *P M*; & soit une autre appliquée *p m* infiniment proche de la premiere. Cela posé, si l'on mene *M R* parallele à *A C*; les cordes *A M*, *A m*; & qu'on décrive du centre *A*, de l'intervalle *A M* le petit arc de cercle *M S* : *P p* sera la différence de *A P*, *R m* celle de *P M*, *S m* celle de *A M*, & *M m* celle de l'arc *A M*. De même le petit triangle *M A m* qui a pour base l'arc *M m*, sera la différence du segment *A M*; & le petit espace *M P p m*, celle de l'espace compris par les droites *A P*, *P M*, & par l'arc *A M*.

COROLLAIRE.

1. Il est évident que la différence d'une quantité constante est nulle ou zero : ou (ce qui est la même chose) que les quantités constantes n'ont point de différence.

AVERTISSEMENT.

On se servira dans la suite de la note ou caractéristique d *pour marquer la différence d'une quantité variable que l'on exprime par une seule lettre ; & pour éviter la confusion, cette note* d *n'aura point d'autre usage da la suite de ce calcul. Si l'on nomme par éxemple les variables* A P, x *;* P M, y *;* A M, z *; l'arc* A M, u *; l'espace mixtiligne* A P M, s *; & le segment* A M, t *:* d x *exprimera la valeur de* P p, d y *celle de* R m, d z *celle de* S m, d u celle du petit arc* M m, d s *celle du petit espace* M P p m, & d t *celle du petit triangle mixtiligne* M A m.

I. DEMANDE OU SUPPOSITION.

2. On demande qu'on puisse prendre indifféremment l'une pour l'autre deux quantités qui ne différent entr'elles que d'une quantité infiniment petite : ou (ce qui est la même

chofe) qu'une quantité qui n'eſt augmentée ou diminuée que d'une autre quantité infiniment moindre qu'elle, puiſ-ſe être conſidérée comme demeurant la même. On de-mande par éxemple qu'on puiſſe prendre *A p* pour *A P*, *p m* pour *P M*, l'eſpace *A p m* pour l'eſpace *A P M*, le petit eſpace *M P p m* pour le petit rectangle *M P p R*, le petit ſe-cteur *A M m* pour le petit triangle *A M S*, l'angle *p A m* pour l'angle *P A M*, &c.

II. DEMANDE ou SUPPOSITION.

3. ON demande qu'une ligne courbe puiſſe être confi-dérée comme l'aſſemblage d'une infinité de lignes droites, chacune infiniment petite : ou (ce qui eſt la même choſe) comme un poligône d'un nombre infini de côtés, chacun infiniment petit, leſquels déterminent par les angles qu'ils font entr'eux, la courbure de la ligne. On demande par éxemple que la portion de courbe *M m* & l'arc de cercle *M S* puiſſent être conſidérés comme des lignes droites à cauſe de leur infinie petiteſſe, en ſorte que le petit triangle *m S M* puiſſe être cenſé rectiligne.

AVERTISSEMENT.

On ſuppoſe ordinairement dans la ſuite que les dernieres lettres de l'alphabet, z, y, x, &c. marquent des quantités variables ; & au contraire que les premieres a, b, c, &c. marquent des quan-tités conſtantes : de ſorte que x devenant x + d x ; y, z, &c. deviennent y + d y, z + d z, &c. ⁎Et a, b, c, &c. demeurent ⁎ Art. 1. les meſmes a, b, c, &c.

PROPOSITION I.

Problême.

4. PRENDRE *la différence de pluſieurs quantités ajoû-tées enſemble, ou ſouſtraites les unes des autres.*

Soit *a + x + y — z* dont il faut prendre la différence. Si l'on ſuppoſe que *x* ſoit augmentée d'une portion infini-ment petite ; c'eſt-à-dire qu'elle devienne *x + d x ; y* deviendra alors $y + dy$; & z, $z + dz$; pour la conſtante a, * elle demeurera la même a: de ſorte que la quantité propoſée $a \frac{1}{4} x + y - z$ deviendra $a + x + dx + y + dy - z - dz$; & ſa différence, que l'on trouvera en la retranchant de cette derniere, ſera $dx + dy - dz$. Il en eſt ainſi des autres; ce qui donne cette régle.

REGLE I.

Pour les quantités ajoûtées, ou ſouſtraites.

On prendra la différence de chaque terme de la quantité propoſée, & retenant les mêmes ſignes, on en compoſera une autre quantité qui ſera la différence cherchée.

PROPOSITION II.

Problême.

5. PRENDRE *la différence d'un produit fait de pluſieurs quantités multipliées les unes par les autres.*

1°. La différence de xy eſt $y\,dx + x\,dy$. Car y devient $y + dy$ lors que x devient $x + dx$, & partant xy devient alors $xy + y\,dx + x\,dy + dx\,dy$ qui eſt le produit de $x + dx$ par $y + dy$, & ſa différence ſera $y\,dx + x\,dy + dx\,dy$, c'eſt-à-dire * $y\,dx + x\,dy$: puiſque $dx\,dy$ eſt une quantité infiniment petite par rapport aux autres termes $y\,dx$, & $x\,dy$; car ſi l'on diviſe par éxemple $y\,dx$ & $dx\,dy$ par dx, on trouve d'une part y, & de l'autre dy qui en eſt la différence, & par conſéquent infiniment moindre qu'elle. D'où il ſuit que la différence du produit de deux quantités eſt égale au produit de la différence de la premiere de ces quantités par la ſeconde, plus au produit de la différence de la ſeconde par la premiere.

2°. La différence de xyz eſt $yz\,dx + xz\,dy + xy\,dz$. Car en conſidérant le produit xy comme une ſeule quantité, il faudra, comme l'on vient de prouver, prendre le produit de ſa différence $y\,dx + x\,dy$ par la ſeconde z (ce qui donne $yz\,dx + xz\,dy$) plus le produit de la différence dz

de la seconde z par la premiere xy (ce qui donne $x\,y\,dz$) ; & partant la différence de xyz sera $y\,z\,dx + x\,z\,dy + x\,y\,dz$.

3°. La différence de $xyzu$ est $u\,y\,z\,dx + u\,x\,z\,dy + u\,x\,y\,dz + x\,y\,z\,du$. Ce qui se prouve comme dans le cas précédent en regardant le produit xyz comme une seule quantité. Il en est ainsi des autres à l'infini, d'où l'on forme cette régle.

REGLE II.
Pour les quantités multipliées.

La différence du produit de plusieurs quantités multipliées les unes par les autres, est égale à la somme des produits de la différence de chacune de ces quantités par le produit des autres.

Ainsi la différence de ax est $xo + a\,dx$, c'est-à-dire $a\,dx$. Celle de $\overline{a+x} \times \overline{b-y}$ est $b\,dx - y\,dx - a\,dy - x\,dy$.

PROPOSITION III.
Problême.

6. PRENDRE *la différence d'une fraction quelconque.*

La différence de $\frac{x}{y}$ est $\frac{y\,dx - x\,dy}{yy}$. Car supposant $\frac{x}{y} = z$, on aura $x = y\,z$, & comme ces deux quantitez variables x & $y\,z$ doivent toûjours être égales entr'elles, soit qu'elles augmentent ou diminuent, il s'enfuit que leur différence, c'est-à-dire leurs accroissemens ou diminutions feront aussi égales entr'elles ; & partant*on aura $dx = y\,dz$ *Art. 5.* $+ z\,dy$, & $dz = \frac{dx - z\,dy}{y} = \frac{y\,dx - x\,dy}{yy}$ en mettant pour z sa valeur $\frac{x}{y}$. Ce qu'il falloit, &c. d'où l'on forme cette regle.

REGLE III.
Pour les quantités divisées, ou pour les fractions.

La différence d'une fraction quelconque est égale au

produit de la différence du numérateur par le dénominateur, moins le produit de la différence du dénominateur par le numérateur : le tout divisé par le quarré du dénominateur.

Ainsi la différence de $\frac{a}{x}$ fera $\dfrac{-\,a\,dx}{x\,x}$, celle de $\frac{x}{a+x}$ fera

$$\frac{a\,dx}{a\,a + 2\,a\,x + x\,x}.$$

PROPOSITION IV.

Problême.

7. PRENDRE *la différence d'une puissance quelconque parfaite ou imparfaite d'une quantité variable.*

Il est nécessaire afin de donner une régle générale qui serve pour les puissances parfaites & imparfaites, d'expliquer l'analogie qui se rencontre entre leurs exposans.

Si l'on propose une progression geométrique dont le premier terme soit l'unité, & le second une quantité quelconque x, & qu'on dispose par ordre sous chaque terme son exposant, il est clair que ces exposans formeront une progression arithmetique.

Prog. geom. $1, x, xx, x^3, x4, x5, x^6, x7,$ &c.
Prog. arith. $0, 1, 2, 3, 4, 5, 6, 7,$ &c.

Et si l'on continuë la progression geométrique au dessous de l'unité, & l'arithmetique au dessous de zero, les termes de celle-cy seront les exposans de ceux ausquels ils répondent dans l'autre. Ainsi -1 est l'exposant de $\frac{1}{x}$, -2 celuy de $\frac{1}{xx}$, &c.

Prog. geom. $x, 1, \frac{1}{x}, \frac{1}{xx}, \frac{1}{x^3}, \frac{1}{x^4},$ &c.
Prog. arith. $1, 0, -1, -2, -3, -4,$ &c.

Mais si l'on introduit quelque nouveau terme dans la progression geométrique, il faudra pour avoir son exposant, en introduire un semblable dans l'arithmetique.

Ainsi $\sqrt{x}$ aura pour exposant $\frac{1}{2} : \sqrt{x}, \frac{1}{3} : \sqrt[3]{x4}, \frac{4}{5} : \frac{1}{\sqrt{x^3}},$ $-\frac{3}{2} : \frac{1}{\sqrt[3]{x^5}}, -\frac{5}{3} : \frac{1}{\sqrt{x^7}}, -\frac{7}{2} :$ &c. de sorte que ces expresfions $\sqrt{x}$ & $x^{\frac{1}{2}}$, $\sqrt[3]{x}$ & $x^{\frac{1}{3}}$, $\sqrt[5]{x4}$ & $x^{\frac{4}{5}}$, $\frac{1}{\sqrt{x^3}}$ & $x^{-\frac{3}{2}}$, &c. ne fignifient que la même chofe.

Prog. geom. 1, $\sqrt{x}$, x. 1, $\sqrt[3]{x}$, $\sqrt[3]{xx}$, x. 1, $\sqrt[5]{x}$, $\sqrt[5]{xx}$, $\sqrt[5]{x^3}$, $\sqrt[5]{x4}$, x.

Prog. arith. 0, $\frac{1}{2}$, 1. 0, $\frac{1}{3}$, $\frac{2}{3}$, 1. 0, $\frac{1}{5}$, $\frac{2}{5}$, $\frac{3}{5}$, $\frac{4}{5}$, 1.

Prog. geom. $\frac{1}{x}$, $\frac{1}{\sqrt{x^3}}$, $\frac{1}{xx}$. $\frac{2}{x}$, $\frac{1}{\sqrt[3]{x^4}}$, $\frac{1}{\sqrt[3]{x^5}}$, $\frac{1}{xx}$. $\frac{1}{x^3}$, $\frac{1}{\sqrt{x^7}}$, $\frac{1}{x^4}$.

Prog. arith. -1, $-\frac{3}{2}$, -2. -1, $-\frac{4}{3}$, $-\frac{5}{3}$, -2. -3, $-\frac{7}{2}$, -4.

Où l'on voit que de même que $\sqrt{x}$ eft moyenne geométrique entre 1 & x, de même auffi $\frac{1}{2}$ eft moyenne arithmetique entre leurs expofans zero & 1 : & de même que $\sqrt[3]{x}$ eft la premiere des deux moyennes geométriquement proportionnelles entre 1 & x, de même auffi $\frac{1}{3}$ eft la premiere des deux moyennes arithmetiquement proportionnelles entre leurs expofans zero & 1 : & il en eft ainfi des autres. Or il fuit de la nature de ces deux progreffions.

1°. Que la fomme des expofans de deux termes quelconques de la progreffion geométrique fera l'expofant du terme qui en eft le produit. Ainfi x^{4+3} où x^7 eft le produit de x^3 par x^4, & $x^{\frac{1}{2}+\frac{1}{3}}$ où $x^{\frac{5}{6}}$ eft le produit de $x^{\frac{1}{2}}$ par $x^{\frac{1}{3}}$, & $x^{-\frac{1}{3}+\frac{1}{5}}$ où $x^{-\frac{2}{15}}$ eft le produit de $x^{-\frac{1}{3}}$ par $x^{\frac{1}{5}}$, &c. De même $x^{\frac{1}{3}+\frac{1}{3}}$ où $x^{\frac{2}{3}}$ eft le produit de $x^{\frac{1}{3}}$ par luy même, c'eft-à-dire fon quarré, & x^{+2+2+2} où x^6 eft le produit de x^2 par x^2 par x^2, c'eft-à-dire fon cube, & $x^{-\frac{1}{3}-\frac{1}{3}-\frac{1}{3}-\frac{1}{3}}$ ou $x^{-\frac{4}{3}}$ eft la quatriéme puiffance de $x^{-\frac{1}{3}}$, & il en eft ainfi des autres puiffances. D'où il eft évident que le double, le triple, &c. de l'expofant d'un terme quelconque de la progreffion geométrique eft l'expofant du quarré, du cube, &c. de ce terme ; & partant que la moitié, le tiers, &c. de l'expofant d'un terme quelconque de la progreffion geométrique fera l'expofant de la racine quarrée, cubique, &c. de ce terme.

2°. Que la différence des expofans de deux termes quelconques de la progreffion geométrique fera l'expofant du quotient de la division de ces termes. Ainsi $x^{\frac{1}{2}} - \frac{1}{3}$ $= x^{\frac{1}{6}}$ sera l'exposant du quotient de la division de $x^{\frac{1}{2}}$ par $x^{\frac{1}{3}}$, & $x - \frac{1}{3} - \frac{1}{4} = x - \frac{7}{12}$ sera l'exposant du quotient de la division de $x^{-\frac{1}{3}}$ par $x^{\frac{1}{4}}$; où l'on voit que c'est la même chose de multiplier $x^{-\frac{1}{3}}$ par $x^{-\frac{1}{4}}$ que de diviser $x^{-\frac{1}{3}}$ par $x^{\frac{1}{4}}$. Il en est ainsi des autres. Ceci bien entendu, il peut arriver deux différens cas.

Premier cas lorsque la puissance est parfaite, c'est-à-dire lorsque son exposant est un nombre entier. La différence de xx est $2\,x\,dx$, de x^3 est $3\,x\,x\,dx$, de x^4 est $4\,x^3\,dx$, &c. Car le quarré de x n'étant autre chose que le produit de x par x, sa différence * sera $x\,dx + x\,dx$, c'est-à-dire $2\,x\,dx$. De même le cube de x n'étant autre chose que le produit de x par x par x, sa différence * sera $xxdx + xxdx + x\,x\,dx$, c'est-à-dire $3\,x\,x\,dx$; & comme il en est ainsi des autres puissances à l'infini, il s'ensuit que si l'on suppose que m marque un nombre entier tel que l'on voudra, la différence de x^m sera $m\,x^{m-1}\,dx$.

*Art. 5.

Si l'exposant est négatif, on trouvera que la différence de x^{-m} ou de $\frac{1}{x^m}$ sera $\dfrac{-m\,x^{m-1}\,dx}{x^{2m}} = -m\,x^{-m-1}\,dx$.

Second cas, lorsque la puissance est imparfaite, c'est-à-dire lorsque son exposant est un nombre rompu. Soit proposé de prendre la différence de $\sqrt[n]{x^m}$ ou $x^{\frac{m}{n}}$ ($\frac{m}{n}$ exprime un nombre rompu quelconque) on supposera $x^{\frac{m}{n}} = z$, & en élevant chaque membre à la puissance n on aura $x^m = z^n$, & en prenant les différences comme l'on vient d'expliquer dans le premier cas, on trouvera $m\,x^{m-1}\,dx = n\,z^{n-1}\,dz$, & $dz = \dfrac{m\,x^{m-1}\,dx}{n\,z^{n-1}} = \frac{m}{n}\,x^{\frac{m}{n}-1}\,dx$, ou $\frac{m}{n}\,dx\,\sqrt[n]{x^{m-n}}$, en mettant à la place de $n\,z^{n-1}$ sa valeur $n\,x^{m-\frac{m}{n}}$. Si l'exposant est négatif, on trouvera que la différence de $x^{-\frac{m}{n}}$ ou de $\dfrac{1}{x^{\frac{m}{n}}}$ sera $\dfrac{-\frac{m}{n}\,x^{\frac{m}{n}-1}\,dx}{x^{\frac{2m}{n}}} = -\frac{m}{n}\,x^{-\frac{m}{n}-1}\,dx$.

Ce

Ce qui donne cette regle générale.

REGLE IV.

Pour les puissances parfaites ou imparfaites.

La différence d'une puissance quelconque parfaite ou imparfaite d'une quantité variable, est égale au produit de l'exposant de cette puissance, par cette même quantité élevée à une puissance moindre d'une unité, & multipliée par sa différence.

Ainsi si l'on suppose que m exprime tel nombre entier ou rompu que l'on voudra, soit positif, soit négatif, & x une quantité variable quelconque, la différence de x^m sera toujours $mx^{m-1}dx$.

EXEMPLES.

La différence du cube de $ay - xx$, c'est-à-dire de $\overline{ay - xx}\,{}^3$, est $3 \times \overline{ay - xx}\,{}^2 \times \overline{ady - 2xdx} = 3a^3yydy - 6aaxxydy + 3ax^4dy - 6aayyxdx + 12ayx^3dx - 6x^5dx$.

La différence de $\sqrt{xy+yy}$ ou de $\overline{xy+yy}\,{}^{\frac{1}{2}}$, est $\frac{1}{2} \times \overline{xy+yy}\,{}^{-\frac{1}{2}} \times \overline{ydx + xdy + 2ydy}$, ou $\dfrac{ydx + xdy + 2ydy}{2\sqrt{xy+yy}}$.

Celle de $\sqrt{a^4+axyy}$ ou de $\overline{a^4+axyy}\,{}^{\frac{1}{2}}$, est $\frac{1}{2} \times \overline{a^4+axyy}\,{}^{-\frac{1}{2}} \times \overline{ayydx + 2axydy}$, ou $\dfrac{ayydx + 2axydy}{2\sqrt{a^4+axyy}}$. Celle de $\sqrt[3]{ax+xx}$, ou de $\overline{ax+xx}\,{}^{\frac{1}{3}}$, est $\frac{1}{3} \times \overline{ax+xx}\,{}^{-\frac{2}{3}} \times \overline{adx + 2xdx}$, ou $\dfrac{adx + 2xdx}{3\sqrt[3]{\overline{ax+xx}\,{}^2}}$.

La différence de $\sqrt{ax+xx+\sqrt{a^4+axyy}}$ ou de $\overline{ax+xx+\sqrt{a^4+axyy}}\,{}^{\frac{1}{2}}$, est $\frac{1}{2} \times \overline{ax+xx+\sqrt{a^4+axyy}}\,{}^{-\frac{1}{2}} \times \overline{adx + 2xdx + \dfrac{ayydx + 2axydy}{2\sqrt{a^4+axyy}}}$, ou $\dfrac{adx + 2xdx}{2\sqrt{ax+xx+\sqrt{a^4+axyy}}} + \dfrac{ayydx + 2axydy}{2\sqrt{a^4+axyy} \times 2\sqrt{ax+xx+\sqrt{a^4+axyy}}}$.

* Art. 7. 6.

La différence de $\dfrac{\sqrt[3]{ax+xx}}{\sqrt{xy+yy}}$ fera felon cette regle * & celle

des fractions $\dfrac{\dfrac{adx+2xdx}{3\sqrt[3]{ax+xx}^2} \times \sqrt{xy+yy} - \dfrac{ydx-xdy-2ydy}{2\sqrt{xy+yy}} \times \sqrt[3]{ax+xx}}{xy+yy}$

REMARQUE.

8. Il est à propos de bien remarquer que l'on a toûjours fuppofé en prenant les différences, qu'une des variables x croiffant, les autres y, z, &c. croiffoient auffi;
c'eft-à-dire que les x devenant $x + dx$, les y, z, &c. devenoient $y + dy$, $z + dz$, &c. C'est-pourquoy s'il arrive
que quelques-unes diminüent pendant que les autres croif-
fent, il en faudra regarder les différences comme des quantités négatives par rapport à celles des autres qu'on fuppofe croître, & changer par conféquent les fignes des termes
où les différences de celles qui diminüent fe rencontrent.
Ainfi fi l'on fuppofe que les x croiffant, les y & les z diminüent, c'eft-à-dire que les x devenant $x + dx$, les y &
les z deviennent $y - dy$ & $z - dz$, & que l'on veüille
prendre la différence du produit xyz; il faudra changer
* Art. 5.
dans la différence $xydz + xzdy + yzdx$ trouvée *, les fignes des termes où dy & dz fe rencontrent : ce qui donne
$yzdx - xydz - xzdy$ pour la différence cherchée.

SECTION II.

Usage du calcul des différences pour trouver les Tangentes de toutes fortes de lignes courbes.

DÉFINITION.

SI l'on prolonge un des petits côtés *Mm* du poligone qui compose * une ligne courbe ; ce petit côté ainsi prolongé fera appellé la *Tangente* de la courbe au point M ou *m*.

FIG. 2.

* *Art. 3.*

PROPOSITION I.

Problême.

9. SOIT *une ligne courbe* AM *telle que la relation de la coupée* AP *à l'appliquée* PM, *foit exprimée par une équation quelconque, & qu'il faille du point donné* M *fur cette courbe mener la tangente* MT.

FIG. 3.

Ayant mené l'appliquée *MP*, & fuppofé que la droite *MT* qui rencontre le diametre au point *T*, foit la tangente cherchée ; on concevra une autre appliquée *mp* infiniment proche de la premiere, avec une petite droite *MR* parallele à *AP*. Et en nommant les données *AP* , *x*; *PM*, *y*; (donc *Pp* ou *MR* $= dx$, & *Rm* $= dy$.) les triangles femblables *mRM* & *MPT* donneront *mR* (dy). *RM* (dx :: *MP* (y). $PT = \frac{y\,dx}{dy}$. Or par le moyen de la différence de l'équation donnée, on trouvera une valeur de dx en termes qui feront tous affectés par dy, laquelle étant multipliée par y & divifée par dy, donnera une valeur de la foutangente *PT* en termes entiérement connus & délivrés des différences, laquelle fervira à mener la tangente cherchée *MT*.

REMARQUE.

10. LORSQUE le point *T* tombe du côté oppofé au point *A* origine des *x*, il eft clair que *x* croiffant, *y* dimi

FIG. 4.

Art. 8.

nüe, & qu'il faut changer par-conséquent * dans la différence de l'équation donnée les signes de tous les termes où dy se
rencontre : autrement la valeur de dx en dy seroit négati-
ve ; & partant aussi celle de $PT\left(\frac{ydx}{dy}\right)$. Il est mieux cependant, pour ne se point embarasser, de prendre toûjours
la différence de l'équation donnée par les regles que l'on

Sect. 1.

a prescrites * sans y rien changer ; car s'il arrive à la fin de
l'opération que la valeur de PT soit positive, il s'ensuivra
qu'il faudra prendre le point T du même côté que le point
A origine des x, comme l'on a supposé en faisant le calcul :
& au contraire si elle est négative, il le faudra prendre du
côté opposé. Ceci s'éclaircira par les exemples suivans.

EXEMPLE I.

FIG. 3.

11. 1°. SI l'on veut que $ax = yy$ exprime la relation de
AP à PM; la courbe AM sera une parabole qui aura pour
paramétre la droite donnée a, & l'on aura en prenant de
part & d'autre les différences, $adx = 2ydy$, & $dx = \frac{2ydy}{a}$
& $PT\left(\frac{ydx}{dy}\right) = \frac{2yy}{a} = 2x$ en mettant pour yy sa valeur ax.
D'où il suit que si l'on prend PT double de AP, & qu'on
mene la droite MT, elle sera tangente au point M. Ce qui
étoit proposé.

FIG. 4.

2°. Soit l'équation $aa = xy$ qui exprime la nature de
l'hyperbole entre les asymptotes. On aura en prenant les
différences $xdy + ydx = 0$, & partant $PT\left(\frac{ydx}{dy}\right) = -x$.
D'où il suit que si l'on prend $PT = PA$ du côté opposé au
point A, & qu'on mene la droite MT, elle sera la tangente en M.

3°. Soit l'équation générale $y^m = x$ qui exprime la nature de toutes les paraboles à l'infini lorsque l'exposant m
marque un nombre positif entier ou rompu, & de toutes
les hyperboles lorsqu'il marque un nombre négatif. On
aura en prenant les différences $my^{m-1}dy = dx$, & partant
$PT\left(\frac{ydx}{dy}\right) = my^m = mx$ en mettant pour y^m sa valeur x.

Si $m = \frac{3}{2}$, l'équation sera $y^3 = axx$ qui exprime la nature d'une des paraboles cubiques, & la soutangente $PT = \frac{3}{2}x$. Si $m = -2$, l'équation sera $a^3 = xyy$ qui exprime la nature de l'une des hyperboles cubiques, & la soutangente $PT = -2x$. Il en est ainsi des autres.

Pour mener dans les paraboles la tangente au point A origine des x, il faut chercher quelle doit être la raison de dx à dy en ce point; car il est visible que cette raison étant connuë, l'angle que la tangente fait avec l'axe où le diametre, sera aussi déterminé. On a dans cet éxemple $dx. \ dy :: my^{m-1}. \ 1$. D'où l'on voit que y étant zero en A, la raison de dy à dx doit y être infiniment grande lorsque m surpasse 1, & infiniment petite lorsqu'elle est moindre : c'est-à-dire que la tangente en A doit être parallele aux appliquées dans le premier cas, & se confondre avec le diametre dans le second.

EXEMPLE II.

12. **S**OIT une ligne courbe AMB telle que $AP \times PB$ Fig. 5. $(x \times \overline{a-x}).\ \overline{PM}^2 \ (yy) :: AB \ (a).\ AD \ (b)$. Donc $\frac{ayy}{b} = ax - xx$, & en prenant les différences, $\frac{2aydy}{b} = adx - 2xdx$, d'où l'on tire $PT \left(\frac{ydx}{dy}\right) = \frac{2ayy}{ab - 2bx} = \frac{2ax - 2xx}{a - 2x}$, en mettant pour $\frac{ayy}{b}$ sa valeur $ax - xx$; & $PT - AP$ ou AT
$$= \frac{ax}{a - 2x}.$$

Supposant à présent que $\overline{AP}^3 \times \overline{PB}^2 \ (x^3 \times \overline{a-x}^2).\ \overline{PM}^5 \ (y^5) :: AB \ (a).\ AD \ (b)$, on aura $\frac{ay^5}{b} = x^3 \times \overline{a-x}^2$, & en prenant les différences $\frac{5ay^4dy}{b} = 3xxdx \times \overline{a-x}^2 - \overline{2adx + 2xdx} \times x^3$, d'où l'on tire $\frac{ydx}{dy} = \frac{5x^3 \times \overline{a-x}^2}{3xx \times \overline{a-x}^2 - \overline{2a + 2x} \times x^3}$
$$= \frac{5x \times \overline{a-x}}{3a - 3x - 2x} \text{ ou } \frac{5ax - 5xx}{3a - 5x} \ \& \ AT = \frac{2ax}{3a - 5x}.$$

Et généralement si l'on veut que m marque l'exposant de la puissance de AP, & n celuy de la puissance de PB, on aura $\dfrac{ay^{\overline{m+n}}}{b} = x^m \times \overline{a-x}^n$ qui est une équation générale pour toutes les ellipses à l'infini, dont la différence est

$$\frac{\overline{m+n}\,ay^{\overline{m+n}-1}\,dy}{b} = mx^{m-1}\,dx \times \overline{a-x}^n - n\,\overline{a-x}^{n-1}\,dx \times x^m,$$

d'où l'on tire (en mettant pour $\dfrac{ay^{\overline{m+n}}}{b}$ sa valeur $x^m \times \overline{a-x}^n$)

$$PT \left(\frac{y\,dx}{dy}\right) = \frac{\overline{m+n}\,x^m \times \overline{a-x}^n}{mx^{m-1} \times \overline{a-x}^n - n\,\overline{a-x}^{n-1} \times x^m} = \frac{\overline{m+n}\,x \times \overline{a-x}}{ma-x-nx},$$

ou $PT = \dfrac{\overline{m+n} \times \overline{ax-xx}}{ma-\overline{m-n}\,x}$, & $AT = \dfrac{nax}{ma-\overline{m-n}\,x}$.

<h3 align="center">E X E M P L E   III.</h3>

FIG. 6.

13. L es mêmes choses étant posées que dans l'éxemple précédent, excepté que l'on suppose icy que le point B tombe de l'autre côté du point A par rapport au point P, on aura l'équation $\dfrac{ay^{\overline{m+n}}}{b} = x^m \times \overline{a+x}^n$ qui exprime la nature de toutes les hyperboles considérées par rapport à leurs diametres. D'où l'on tirera comme cy-dessus $PT = \dfrac{\overline{m+n} \times \overline{ax+xx}}{ma+\overline{m+n}\,x}$ & $AT = \dfrac{n\,dx}{ma+\overline{m+n}\,x}$.

Maintenant si l'on suppose que AP soit infiniment grande, la tangente TM ne rencontrera la courbe qu'à une distance infinie, c'est-à-dire qu'elle en deviendra l'asymptote CE; & l'on aura en ce cas $AT \left(\dfrac{nax}{ma+\overline{m+n}\,x}\right) = \dfrac{n}{m+n}\,a = AC$; puisque a étant infiniment moindre que x, le terme ma sera nul par rapport à $\overline{m+n}\,x$. Par la même raison en ce cas l'équation à la courbe deviendra $ay^{\overline{m+n}} = bx^{\overline{m+n}}$. Ainsi en faisant pour abréger $m+n = p$, & en extrayant de part & d'autre la racine p, on aura $y\sqrt[p]{a} = x\sqrt[p]{b}$, dont la différence est $dy\sqrt[p]{a} = dx\sqrt[p]{b}$: de sorte qu'en menant AE parallele aux appliquées, & en concevant un petit triangle au point où l'asymptote CE rencontre la courbe, on formera cette proportion $dx.\,dy$, ou $\sqrt[p]{a}.\,\sqrt[p]{b} :: AC. \left(\dfrac{n}{p}\,a\right).\ AE = \dfrac{n}{p}\sqrt[p]{ba^{p-1}}$. Or les valeurs de CA & de AE étant ainsi déterminées, on menera la droite indéfinie CE qui sera l'asymptote cherchée.

Si $m = 1$ & $n = 1$, la courbe sera l'hyperbole ordinaire, & on aura $AC = \frac{1}{2} a$, & $AE = \frac{1}{2} \sqrt{ab}$, c'est-à-dire à la moitié du diametre conjugué, ce que l'on sçait d'ailleurs être conforme à la vérité.

Exemple IV.

14. Soit l'équation $y^3 - x^3 = axy$ ($AP = x$, $PM = y$, Fig. 6. a est une ligne droite donnée) & que cette équation exprime la nature de la courbe AM, sa différence sera $3yydy - 3xxdx = axdy + aydx$. Donc $\frac{ydx}{dy} = \frac{3y^3 - axy}{3xx - ay}$, & $AT \left(\frac{ydx}{dy} - x \right) = \frac{3y^3 - 3x^3 - 2axy}{3xx - ay} = \frac{axy}{3xx - ay}$ en mettant pour $3y^3 - 3x^3$ la valeur $3axy$.

Maintenant si l'on suppose que AP & PM soient chacune infiniment grande, la tangente TM deviendra l'asymptote CE, & les droites AT, AS deviendront AC, AE qui déterminent la position de l'asymptote. Or AT que j'appelle $t = \frac{axy}{3xx - ay}$, d'où l'on tire $y = \frac{3txx}{ax - at} = \frac{3tx}{a}$ lorsque AT devient AC, parce qu'alors at est nullé par rapport à ax. Mettant donc cette valeur $\frac{3tx}{a}$ à la place de y dans $y^3 - x^3 = axy$, on aura $27t^3x^3 - a^3x^3 = 3a^2txx$, d'où l'on tire (en effaçant le terme $3a^2txx$, parce que x étant infinie, il est nul par rapport aux deux autres $27t^3x^3$ & a^3x^3) $AC (t) = \frac{1}{3} a$. De même AS $\left(y - \frac{xdy}{dx} \right)$ que j'appelle $s = \frac{axy}{3yy - ax}$, d'où l'on tire $x = \frac{3syy}{ay + as} = \frac{3sy}{a}$, parce que y étant infinie par rapport à s, le terme as sera nul par rapport au terme ay; & en mettant cette valeur dans l'équation à la courbe, on trouvera $AE (s) = \frac{1}{3} a$. D'où il suit que si l'on prend les lignes AC, AE égales chacune à $\frac{1}{3} a$, & qu'on mene la droite indéfinie CE, elle sera l'asymptote de la courbe AM.

On se réglera sur ces deux derniers exemples pour trouver les asymptotes des autres lignes courbes.

PROPOSITION II.

Problême.

FIG. 7.

15. Si l'on suppose dans la proposition précédente que les coupées AP soient des portions d'une ligne courbe dont l'on sçache mener les tangentes PT, & qu'il faille du point donné M sur la courbe AM mener la tangente MT.

Ayant mené l'appliquée MP avec la tangente PT, & supposé que la droite MT qui la rencontre en T, soit la tangente cherchée ; on imaginera une autre appliquée mp infiniment proche de la premiere, & une petite droite MR parallele à PT : & en nommant les données AP, x ; PM, y ; on aura comme auparavant Pp ou $MR = dx$, $Rm = dy$, & les triangles semblables mRM & MPT donneront $mR\,(dy) . RM\,(dx) :: MP\,(y) . PT = \frac{ydx}{dy}$. On achevera ensuite le reste par le moyen de l'équation qui exprime la relation des coupées $AP\,(x)$ aux appliquées $PM\,(y)$, comme l'on a vû dans les exemples qui précedent, & comme l'on verra encore dans ceux qui suivent.

EXEMPLE I.

16. Soit $\frac{yy}{x} = \frac{x\sqrt{aa+yy}}{a}$, dont la différence est $\frac{2xydy - yydx}{xx} = \frac{dx\sqrt{aa+yy}}{a} + \frac{xydy}{a\sqrt{aa+yy}}$: on aura en réduisant cette égalité à une proportion $dy . dx\ (MP . PT) :: \frac{\sqrt{aa+yy}}{a} + \frac{yy}{xx} . \frac{2xy}{xx} - \frac{xy}{a\sqrt{aa+yy}}$. Et partant le rapport de la donnée MP à la soutangente cherchée PT, sera exprimé en termes entièrement connus & délivrés des différences. Ce qui étoit proposé.

Exemple II.

17. Soit $x = \frac{ay}{b}$, dont la différence est $dx = \frac{ady}{b}$:
on aura $PT\left(\frac{ydx}{dy}\right) = \frac{ay}{b} = x$. Si l'on suppose que la
ligne courbe APB soit un demi-cercle, & que les appli-
quées MP, étant prolongées en Q, soient perpendiculaires
sur le diametre AB; la courbe AMC sera une demi-roulette, ou cycloïde : simple lorsque $b = a$, allongée lorsqu'elle
est plus grande, & accourcie lorsqu'elle est moindre.

Corollaire.

18. Si la roulette étant simple, l'on mene la corde AP;
je dis qu'elle sera parallele à la tangente MT. Car le triangle MPT étant alors isoscele, l'angle externe TPQ sera
double de l'interne opposé TMQ. Or l'angle APQ est
égal à l'angle APT, puisque l'un & l'autre a pour mesure
la moitié de l'arc AP; & partant il est la moitié de l'angle
TPQ. Les angles TMQ, APQ seront donc égaux entr'-
eux; & par-conséquent les lignes MT, AP seront paralleles.

Proposition III.

Problême.

19. Soit *une ligne courbe quelconque* AP *qui ait pour* Fig. 7.
diametre la droite $KNAQ$, *& dont l'on sçache mener les tan-*
gentes PK; *soit de plus une autre courbe* AM *telle que menant*
comme on voudra, l'appliquée MQ *qui coupe la premiere courbe*
au point P, *la relation de l'arc* AP *à l'appliquée* MQ *soit ex-*
primée par une équation quelconque. Il faut d'un point donné
M *mener la tangente* MN.

Ayant nommé les connuës PK, t; KQ, s; l'arc AP, x;
MQ, y; l'on aura (en concevant une autre appliquée mq
infiniment proche de MQ, & en tirant PO, MS paralleles
à AQ.) $Pp = dx$, $mS = dy$; & à cause des triangles semblables KPQ & PpO, mSM & MQN, l'on aura PK (t).

C

$K\mathcal{Q}\,(s) :: Pp\,(dx).\ PO$ ou $MS = \frac{sdx}{t}$. Et $mS\,(dy)$.

$SM\left(\frac{sdx}{t}\right) :: M\mathcal{Q}\,(y).\ \mathcal{Q}N = \frac{sydx}{tdy}$. Or par le moyen de la différence de l'équation donnée on trouvera une valeur de dx en termes qui feront tous affectés par dy; & partant si l'on fubftituë cette valeur à la place de dx dans $\frac{sydx}{tdy}$, les dy fe détruiront, & la valeur de la foutangente cherchée $\mathcal{Q}N$ fera exprimée en termes tous connus. Ce qu'il falloit trouver.

PROPOSITION IV.

Problême.

Fig. 8. **20.** SOIENT *deux lignes courbes* AQC , BCN *qui ayent pour diametre la droite* TEABF, & *dont l'on fçache mener les tangentes* QE, NF ; *foit de plus une autre ligne courbe* MC *telle que la relation des appliquées* MP, QP, NP, *foit exprimée par une équation quelconque. Il faut d'un point donné* M *fur cette derniere courbe luy mener la tangente* MT.

Ayant imaginé aux points $\mathcal{Q}, M, N$, les petits triangles $\mathcal{Q}Oq$, MRm, NSn, & nommé les connuës PE, s ; PF, t ; $P\mathcal{Q}, x$; PM, y ; PN, z ; l'on aura $Oq = dx$, $Rm = dy$, Sn *Art.* 8. $= -d\mathit{z}$, * parce que x & y croiffant, z diminuë. Et à caufe des triangles femblables $\mathcal{Q}PE$ & $qO\mathcal{Q}$, NPF & nSN, MPT & mRM ; l'on aura $\mathcal{Q}P\,(x).\ PE\,(s) :: qO\,(dx)$. $O\mathcal{Q}$ ou MR ou $SN = \frac{sdx}{x}$. Et $NP\,(\mathit{z}).\ PF\,(t) :: nS$ $(-d\mathit{z}).\ SN = \frac{-tdz}{\mathit{z}} = \frac{sdx}{x}$ (d'où l'on tire $d\mathit{z} = \frac{-szdx}{tx}$).

Et $mR\,(dy).\ RM\left(\frac{sdx}{x}\right) :: MP\,(y).\ PT = \frac{sydx}{xdy}$. Or fi l'on met dans la différence de l'équation donnée, à la place de $d\mathit{z}$, fa valeur $-\frac{szdx}{tx}$, on trouvera une valeur de dx en dy, laquelle étant fubftituée dans $\frac{sydx}{xdy}$, les dy fe détruiront, & la valeur de la foutangente PT fera exprimée en termes tous connus.

EXEMPLE.

21. SOIT $yy = x\mathfrak{z}$, dont la différence est $2ydy = \mathfrak{z}dx + xd\mathfrak{z} = \frac{tz\,dx - sz\,dx}{t}$, en mettant pour $d\mathfrak{z}$ sa valeur négative $-\frac{sz\,dx}{tx}$, d'où l'on tire $dx = \frac{2tydy}{tz - sz}$; & partant PT $\left(\frac{sydx}{xdy}\right) = \frac{2styy}{txz - sxz} = \frac{2st}{t-s}$, en mettant pour yy sa valeur $x\mathfrak{z}$.

Soit maintenant l'équation générale $y^{m+n} = x^m z^n$, dont la différence est $\overline{m+n}\,y^{m+n-1}\,dy = mz^n x^{m-1}\,dx + nx^m z^{n-1}\,d\mathfrak{z} = \frac{mtz^n x^{m-1}\,dx - nsz^n x^{m-1}\,dx}{t}$, en mettant pour $d\mathfrak{z}$ sa valeur $-\frac{sz\,dx}{tx}$, d'où l'on tire $PT\left(\frac{sy\,dx}{x\,dy}\right) = \frac{\overline{mst + nst}\,y^{m+n}}{mtz^n x^m - nsz^n x^m} = \frac{mst + nst}{mt - ns}$, en mettant pour y^{m+n} sa valeur $x^m \mathfrak{z}^n$.

On peut remarquer que si les courbes $A\mathcal{Q}C$; BCN devenoient des lignes droites, la courbe MC seroit alors une des Sections coniques à l'infini; sçavoir une Ellipse lorsque l'appliquée CD, qui part du point de rencontre C, tombe entre les extrémités A,B; une Hyperbole lorsqu'elle tombe de part ou d'autre; & enfin une Parabole lorsque l'une des extrémités A ou B est infiniment éloignée de l'autre, c'est-à-dire lorsque l'une des lignes droites CA ou CB est parallele au diametre AB.

PROPOSITION V.

Problême.

22. SOIT *une ligne courbe* APB *qui ait un commencement fixe & invariable au point* A, *& dont l'on sçache mener les tangentes* PH; *soit hors de cette ligne un autre point fixe* F, *& une autre ligne courbe* CMD *telle qu'ayant mené la droite quelconque* FMP, *la relation de sa partie* FM *à la portion de courbe* AP *soit exprimée par telle équation qu'on voudra. On propose de mener du point donné* M *la tangente* MT. Fig. 9.

Ayant mené sur *FP* la perpendiculaire *FH* qui rencon-

C ij

tre la tangente donnée PH au point H, & la cherchée MT au point T, imaginé une droite $FRmOp$ qui fasse avec FP un angle infiniment petit, & décrit du centre F les petits arcs de cercle PO, MR; le petit triangle pOP sera semblable au triangle rectangle PFH; car les angles HPF, HpF sont *égaux, puisqu'ils ne diffèrent entr'eux que de l'angle PFp que l'on suppose infiniment petit, & de plus l'angle pOP est droit puisque la tangente en O (qui n'est autre chose que la continüation du petit arc PO considéré comme une droite) est perpendiculaire sur le rayon FO. Par la même raison les triangles mRM, MFT seront semblables. Or il est clair que les petits triangles ou secteurs FPO & FMR sont semblables. Si donc l'on nomme les connuës PH, t; HF, s; FM, y; FP, z; & l'arc AP, x; on aura PH (t). HF (s) :: Pp (dx). $PO = \frac{sdx}{t}$. Et FP (z). FM (y) :: PO $\left(\frac{sdx}{t}\right)$. $MR = \frac{ysdx}{tz}$. Et mR (dy). RM $\left(\frac{sydx}{tz}\right)$ :: FM (y). $FT = \frac{syydx}{tzdy}$. Et on achevera le reste par le moyen de la différence de l'équation donnée.

*Art. 2.

EXEMPLE.

Fig. 10.

23. Si l'on veut que la courbe APB soit un cercle qui ait pour centre le point fixe F; il est clair que la tangente PH devient parallele & égale à la soutangente FH, à cause que HP sera aussi perpendiculaire à PF; & qu'ainsi l'on aura en ce cas $FT = \frac{yydx}{zdy} = \frac{yydx}{ady}$, en nommant la droite FP (z), a; parce qu'elle devient constante de variable qu'elle étoit auparavant. Cela posé, si l'on nomme la circonférence entiere, ou une de ses portions déterminées, b; & que l'on fasse b. x :: a. y. la courbe CMD, qui est en ce cas FMD, sera la Spirale d'*Archimede*, & l'on aura $y = \frac{ax}{b}$ qui a pour sa différence $dy = \frac{adx}{b}$, d'où l'on tire $ydx = \frac{bydy}{a} = xdy$ en mettant pour y sa valeur $\frac{ax}{b}$; & partant $FT \left(\frac{yydx}{ady}\right) = \frac{xy}{a}$. Ce qui donne cette construction.

Soit décrit du centre F & du rayon FM, l'arc de cercle MQ, terminé en Q par le rayon FA qui joint les points fixes A, F; soit pris FT égale à l'arc MQ : je dis que la droite MT sera tangente en M. Car à cause des secteurs semblables FPA, FMQ, l'on aura FP (a). FM (y) :: AP (x). $MQ = \frac{yx}{a} = FT$.

Si l'on fait en général $b. x :: a^m. y^m$, (l'exposant m désigne un nombre entier ou rompu tel que l'on veut) la courbe FMD sera une des spirales à l'infini, & l'on aura $y^m = \frac{a^m x}{b}$, qui a pour sa différence $m y^{m-1} dy = \frac{a^m dx}{b}$, d'où l'on tire $ydx = \frac{m b y^m dy}{a^m} = mxdy$, en mettant pour y^m sa valeur $\frac{a^m x}{b}$; & partant $FT \left(\frac{yy dx}{a dy}\right) = \frac{m x y}{a} = m \times MQ$.

PROPOSITION VI.

Problême.

24. **Soit** *une ligne courbe* APB *dont l'on sçache mener* Fig. 11. *les tangentes* PH, *& un point fixe* F *hors de cette ligne; soit une autre ligne courbe* CMD *telle que menant comme on voudra, la droite* FPM, *la relation de* FP *à* FM *soit exprimée par une équation quelconque. Il faut du point donné* M *mener la tangente* MT.

Ayant mené la droite FHT perpendiculaire sur FM, & imaginé comme dans la proposition précédente les petits triangles POp, MRm semblables aux triangles HFP, TFM, on nommera les connuës FH, s; FP, x; FM, y; & l'on aura PF (x). FH (s) :: pO (dx). $OP = \frac{sdx}{x}$. Et FP (x). FM (y) :: OP $\left(\frac{sdx}{x}\right)$. $RM = \frac{sydx}{xx}$. Et mR (dy). RM $\left(\frac{sydx}{xx}\right)$ :: FM (y). $FT = \frac{syydx}{xxdy}$. On achevera ensuite le reste par le moyen de la différence de l'équation donnée.

EXEMPLE.

25. S I l'on veut que la courbe APB soit une ligne droite PH, & que l'équation qui exprime la relation de FP à FM soit $y - x = a$, c'est-à-dire que PM soit toûjours égale à la même droite donnée a; l'on aura pour différence $dy = dx$; & partant $FT \left(\frac{syydx}{xxdy}\right) = \frac{syy}{xx}$. Ce qui donne cette construction.

Soit menée ME parallele à PH, & MT parallele à PE; je dis qu'elle sera tangente en M.

Car FP (x). FH (s) :: FM (y). $FE = \frac{sy}{x}$. Et FP (x). $FE \left(\frac{sy}{x}\right)$ :: FM (y). $FT = \frac{syy}{xx}$. Il est clair que la courbe CMD est la Conchoïde de *Nicomede*, dont l'asymptote est la droite PH, & le pole est le point fixe F.

PROPOSITION VII.

Problême.

FIG. 12.

26. S OIT *une ligne courbe* ARM *dont l'on sçache mener les tangentes* MH, *& qui ait pour diametre la droite* EPAHT; *soit hors de ce diametre un point fixe* F, *d'où parte une ligne droite indéfinie* FPSM *qui coupe le diametre en* P *& la courbe en* M. *Si l'on conçoit maintenant que la droite* FPM *en tournant autour du point* F, *fasse mouvoir le plan* PAM *toûjours parallelement à soi-même le long de la ligne droite* ET *immobile & indéfinie, en sorte que la distance* PA *demeure par tout la même; il est clair que l'intersection continuelle* M *des lignes* FM, AM *décrira dans ce mouvement une ligne courbe* CMD. *On propose de mener d'un point donné* M *sur cette courbe la tangente* MT.

Ayant imaginé que le plan PAM soit parvenu dans la situation infiniment proche pam, & tiré la ligne mRS parallele à AP; il est clair par la génération que $Pp = Aa = Rm$; & partant que $RS = Sm - Pp$. Or nommant les connuës FP ou Fp, x; FM ou Fm, y; PH, s; MH, t; &

la différence Pp, dz; les triangles semblables FPp & FSm, MPH & MSR, MHT & MRm, donneront Fp (x). Fm (y) :: Pp (dz). $Sm = \frac{ydz}{x}$ (donc $SR = \frac{ydz - xdz}{x}$).

Et PH (s). HM (t) :: $SR \left(\frac{ydz - xdz}{x}\right)$. $RM = \frac{tydz - txdz}{sx}$.

Et $MR \left(\frac{tydz - txdz}{sx}\right)$. Rm (dz) :: MH (t) $HT = \frac{sx}{y - x}$.

Donc si l'on mene FE parallele à MH, & qu'on prenne $HT = PE$; la ligne MT sera la tangente cherchée.

Si la ligne AM étoit une ligne droite; la courbe CMD feroit une Hyperbole qui auroit pour une de ses asymptotes la ligne ET. Et si elle étoit un cercle qui eût son centre au point P; la courbe CMD feroit la Conchoïde de *Nicomede*, qui auroit pour asymptote la ligne ET, & pour pole le point F. Mais si elle étoit une parabole; la courbe CMD feroit la compagne de la Paraboloïde de *Descartes**, qui se décriroit en même temps au dessous de la droite ET par l'intersection de FP avec l'autre moitié de la parabole.

*Geom. *Liv. 3.*

PROPOSITION VIII.

Problême.

27. **Soit** *une ligne courbe* AN *qui ait pour diametre la* ligne droite AP, *avec un point fixe* F *hors de ces lignes; soit une autre ligne courbe* CMD *telle que menant comme l'on voudra, la droite* FMPN, *la relation de ses parties* FN, FP, FM *soit exprimée par une équation quelconque. Il est question de tirer du point donné* M *la tangente* MT.

FIG. 13.

Soit menée par le point F la ligne HK perpendiculaire à FN, qui rencontre en K le diametre AP, & en H la tangente donnée NH; soient décrits du centre F & des intervalles FN, FP, FM des petits arcs de cercle NQ, PO, MR terminés par la droite Fn que l'on conçoit faire avec FN un angle infiniment petit. Cela posé.

Si l'on nomme les connuës FK, s; FH, t; FP, x; FM, y; FN, z; les triangles semblables PFK & pOP, FMR &

FPO & FNQ, HFN & NQn, mRM & MFT donneront
PF (x). FK (s) :: pO (dx). $OP = \frac{sdx}{x}$. Et FP (x). FM
(y) :: PO ($\frac{sdx}{x}$). $MR \frac{sydx}{xx}$. Et FP (x). FN (z) :: PO
($\frac{sdx}{x}$). $NQ = \frac{szdx}{xx}$. Et HF (t). FN (z) :: NQ ($\frac{szdx}{xx}$).
Qn ($- dz$) $= \frac{szzdx}{txx}$. Et mR (dy). RM ($\frac{sydx}{xx}$) :: FM (y).
$FT = \frac{syydx}{xxdy}$. Or par le moyen de la différence de l'équa-
tion donnée on trouvera une valeur de dy en dx & dz,
dans laquelle mettant à la place de dz sa valeur négative
$- \frac{szzdx}{txx}$, parce que x croiſſant, z diminuë ; tous les termes seront affectés par dx ; de sorte que cette valeur étant
enfin substituée dans $\frac{syydx}{xxdy}$, les dx se détruiront. Et partant la valeur de FT sera exprimée en termes connus &
délivrés des différences.

　Si l'on supposoit que la ligne droite AP fuſt une ligne
courbe, & qu'on menaſt la tangente PK ; on trouveroit
toûjours pour FT la même valeur, & le raisonnement demeureroit le même.

E X E M P L E.

FIG. 14.　　28. SUPPOSONS que la ligne courbe AN soit un
cercle qui paſſe par le point F (tellement ſçitué à l'égard
du diametre AP que la ligne FB perpendiculaire à ce
diametre paſſe par le centre G de ce cercle), & que PM
soit toûjours égale à PN ; il eſt clair que la courbe CMD,
qui devient en ce cas FMA, sera la Ciſſoïde de *Diocles*,
& que l'on aura pour équation $z + y = 2x$, dont la différence eſt $dy = 2dx - dz = \frac{2txxdx + szzdx}{txx}$ en mettant pour

* *Art.* 27.　dz sa valeur $- \frac{szzdx}{txx}$ trouvée cy-deſſus *. Et partant FT
($\frac{syydx}{xxdy}$) $= \frac{styy}{2txx + szz}$.

　Si le point donné M tomboit sur le point A, les lignes
FM, FN, FP seroient égales chacune à FA, comme auſſi
les

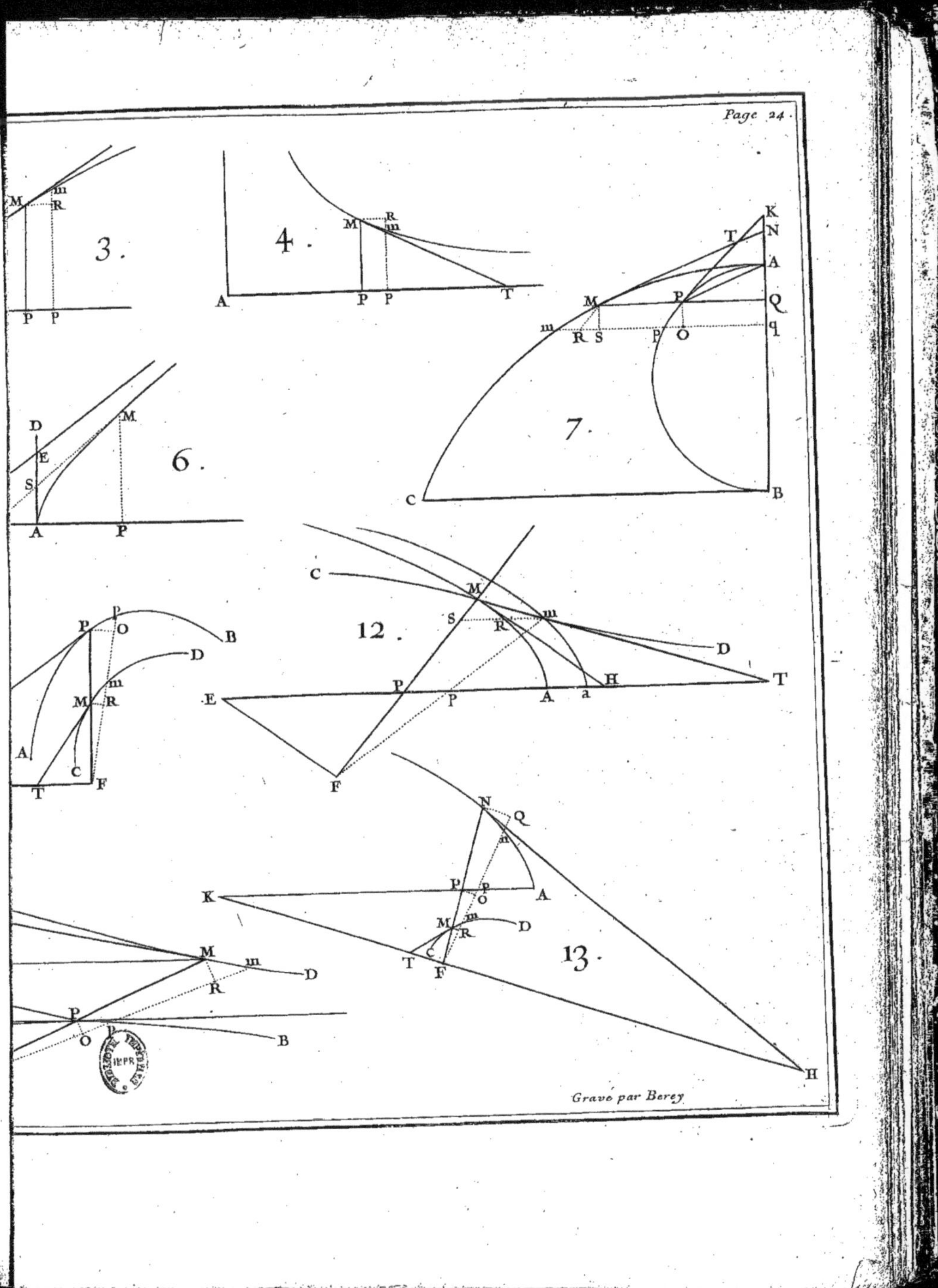
3.
4.
6.
7.
12.
13.
Gravé par Berey

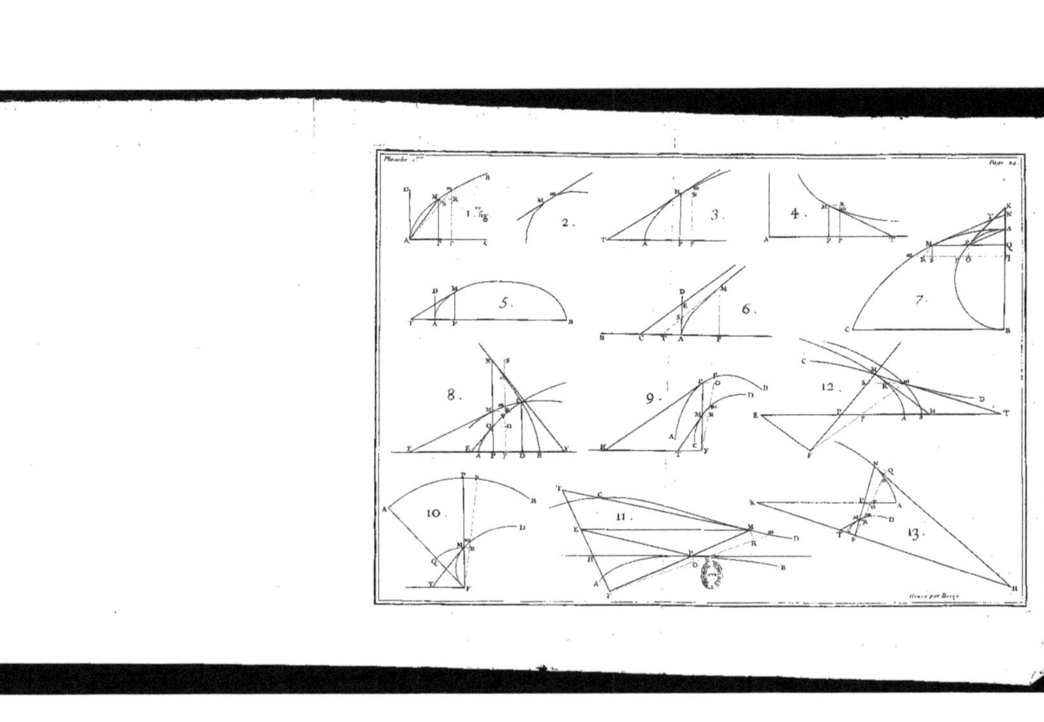

Planche 1re.
Page 24.
1. fig.
2.
3.
4.
5.
6.
7.
8.
9.
10.
11.
12.
13.
Gravé par Berge.

les droites FK, FH; & partant on auroit en ce cas FT
$= \frac{x^4}{3x^3} = \frac{1}{3} x$, c'eſt-à-dire que ſi l'on prend $FT = \frac{1}{3} AF$,
& qu'on mene la ligne AT, elle ſera tangente en A.

On peut encore trouver les tangentes de la Ciſſoïde
par le moyen de la premiere Propoſition, en menant les
perpendiculaires NE, ML ſur le diametre FB, & cherchant l'équation qui exprime le rapport de la coupée FL
à l'appliquée LM; ce qui ſe fait ainſi. Ayant nommé les
connuës FB, $2a$; FL ou BE, x; LM, y; les triangles
ſemblables FEN, FLM, & la proprieté du cercle donneront $FL (x). LM (y) :: FE. EN :: EN (\sqrt{2ax - xx})$.
$EB (x)$. D'où l'on tire $yy = \frac{x^3}{2a - x}$, dont la différence
eſt $2ydy = \frac{6axxdx - 2x^3 dx}{\overline{2a - x}^2}$. Et partant $LO * \left(\frac{ydx}{dy} \right) = \frac{yy \times \overline{2a - x}^2}{3axx - x^3} \; * Art. 9.$
$= \frac{2ax - xx}{3a - x}$, en mettant pour yy ſa valeur $\frac{x^3}{2a - x}$.

PROPOSITION IX.

Problême.

29. **S**OIENT *deux lignes courbes* ANB, CPD, *& une li-* Fig. 15.
gne droite FKT, *ſur leſquelles ſoient marqués des points fixes*
A, C, F; *ſoit de plus une autre ligne courbe* EMG *telle qu'ayant*
mené par un de ſes points quelconques M *la droite* FMN, *&*
MP *parallele à* FK; *la relation de l'arc* AN *à l'arc* CP *ſoit*
exprimée par une équation quelconque. Il faut d'un point don-
né M *ſur la courbe* EG *mener la tangente* MT.

Ayant mené par le point cherché T la ligne TH parallele à FM, & par le point donné M les droites MRK, MOH
paralleles aux tangentes en P & en N, on tirera $FmOn$ infiniment proche de FMN & mRp parallele à MP.

Cela poſé, ſi l'on nomme les connuës FM, s; FN, t; MK,
u; CP, x; AN, y; (donc Pp ou $MR = dx, Nn = dy$) les triangles ſemblables FNn & FMO, MOm & MHT, MRm &
MKT donneront $FN (t). FM (s) :: Nn (dy). MO = \frac{sdy}{t}$.

D

Et MR (dx). MO $\left(\frac{sdy}{t}\right)$ :: MK (u). $MH = \frac{sudy}{tdx}$. Or par le moyen de la différence de l'équation donnée l'on aura une valeur de dy en termes qui feront tous affectés par dx, laquelle étant fubftituée dans $\frac{sudy}{tdx}$, les dx fe détruiront; & partant la valeur de MH fera exprimée en termes entiérement connus. Ce qui donne cette conftruction.

Soit menée MH parallele à la touchante en N & égale à la valeur que l'on vient de trouver : foit tirée HT parallele à FM, qui rencontre en T la droite FK, par où & par le point donné M foit menée la tangente cherchée MT.

EXEMPLE.

FIG. 16.

30. Sɪ l'on veut que la courbe ANB foit un quart de cercle qui ait pour centre le point fixe F, que la courbe CPD foit le rayon APF perpendiculaire fur la droite $FKGQTB$, & que l'arc AN (y) foit toûjours à la droite AP (x) comme le quart de cercle ANB (b) au rayon AF (a); la courbe EMG deviendra la Quadratrice AMG de *Dinoftrate*, & l'on aura MH $\left(\frac{sudy}{tdx}\right) = \frac{asdy - sxdy}{adx}$, puifque FP ou MK $(u) = a - x$, & FN $(t) = a$. Mais l'analogie fuppofée donne $ay = bx$, & $ady = bdx$. Mettant donc dans la valeur de MH à la place de x & de dy leurs valeurs $\frac{ay}{b}$ & $\frac{bdx}{a}$, on trouvera $MH = \frac{bs - ys}{a}$. Ce qui donne cette conftruction.

Soit menée MH perpendiculaire fur FM, & égale à l'arc MQ décrit du centre F, & foit tirée HT parallele à FM; je dis que la ligne MT fera tangente en M. Car à caufe des fecteurs femblables FNB, FMQ, l'on aura FN (a). FM (s) :: NB $(b - y)$. $MQ = \frac{bs - sy}{a}$.

COROLLAIRE.

FIG. 17.

31. Sɪ l'on veut déterminer le point G où la quadratrice AMG rencontre le rayon FB, on imaginera un autre rayon Fgb infiniment proche de FGB; & en menant gf parallele à FB, la proprieté de la quadratrice

& les triangles femblables *FBb*, *gfF*, réctangles en *B* & en *f*, donneront *A B*. *AF* :: *Bb*. *Ff* :: *FB* ou *AF*. *gf* ou *FG*. D'où l'on voit que fi l'on prend une troifiéme proportionnelle au quart de cercle *AB* & au rayon *AF*, elle fera égale à *FG*, c'eft-à-dire que $FG = \frac{aa}{b}$. Ce qui donne lieu d'abréger la conftruction des tangentes.

Car menant *TE* parallele à *MH*, les triangles fembla- Fig. 16. bles *FMK*, *FTE* donneront *MK* (*a — x*). *MF* (*s*) :: *ET* ou *MH* $\left(\frac{bs-sy}{a}\right)$. $FT = \frac{bss-yss}{aa-ax} = \frac{bss}{aa}$. en mettant pour *x* fa valeur $\frac{ay}{b}$, & divifant en fuite le tout par *b — y*; d'où il eft clair que la ligne *FT* eft troifiéme proportionnelle à *FG* & à *FM*.

PROPOSITION X.

Problême.

32. **S**OIT *une ligne courbe* AMB *telle qu'ayant mené d'un* Fig. 18. *de fes points quelconques* M *aux foyers* F, G, H, *&c. les droites* MF, MG, MH, *&c. leur relation foit exprimée par une équation quelconque : & foit propofé de mener du point donné* M *la perpendiculaire* MP *fur la tangente en ce point.*

Ayant pris fur la courbe *AB* l'arc *Mm* infiniment petit, & mené les droites *FRm*, *GmS*, *HmO*, on décrira des centres *F, G, H* les petits arcs de cercles *MR, MS, MO*; enfuite du centre *M* & d'un intervalle quelconque on décrira de même le cercle *CDE* qui coupe les lignes *MF, MG, MH* aux points *C,D,E*, d'où l'on abaiflera fur *MP* les perpendiculaires *CL, DK, EI*. Cette préparation étant faite, je remarque

1°. Que les triangles réctangles *MRm*, *MLC* font femblables ; car en ôtant des angles droits *LMm*, *RMC* l'angle commun *LMR*, les reftes *RMm, LMC* feront égaux, & de plus ils font réctangles en *R* & *L*. On prouvera de même que les triangles réctangles *MSm* & *MKD*, *MOm* & *MIE* font femblables. Partant, puifque l'hypothenufe *Mm* eft commune aux petits triangles *MRm, MSm, MOm*, & que les

D ij

hypothenuſes MC, MD, ME des triangles MLC, MKD, MIE ſont égales entr'elles ; il s'enſuit que les perpendiculaires CL, DK, EI ont le même rapport entr'elles que les diffé-rences Rm, Sm, Om.

2°. Que les lignes qui partent des foyers ſitués du même côté de la perpendiculaire MP croiſſent pendant que les autres diminüent, ou au contraire. Comme dans la figure 18. FM croiſt de ſa différence Rm, pendant que les autres GM, HM diminüent des leurs Sm, Om.

Si l'on ſuppoſe à préſent, pour fixer ſes idées, que l'é-quation qui exprime la relation des droites FM (x), GM (y), HM (z), ſoit $ax + xy - zz = o$, dont la différen-ce eſt $adx + ydx + xdy - 2zdz = o$; Il eſt évident que la tangente en M (qui n'eſt autre choſe que la continüa-tion du petit côté Mm du poligone que l'on conçoit * com-poſer la courbe AMB) doit être tellement placée qu'en menant d'un de ſes points quelconques m des paralleles mR, mS, mO aux droites FM, GM, HM, terminées en R, S, O par des perpendiculaires MR, MS, MO à ces mêmes droi-tes, on ait toûjours l'équation $\overline{a + y} \times Rm + x \times Sm - 2z \times Om = o$: ou (ce qui revient au même, en mettant à la place de Rm, Sm, Om leurs proportionnelles CL, DK, EI) que la perpendiculaire MP à la courbe doit être pla-cée en ſorte que $\overline{a + y} \times CL + x \times DK - 2z \times EI = o$. Ce qui donne cette conſtruction.

Que l'on conçoive que le point C ſoit chargé du poids $a + y$ qui multiplie la différence dx de la droite FM ſur laquelle il eſt ſitué, & de même le point D du poids x, & le point E pris de l'autre côté de M par rapport au foyer H (parce que le terme $- 2zdz$ eſt négatif) du poids $2z$. Je dis que la droite MP qui paſſe par le commun cen-tre de peſanteur des poids ſuppoſez en C, D, E, ſera la perpendiculaire requiſe. Car il eſt clair par les principes de la Mécanique, que toute ligne droite, qui paſſe par le centre de peſanteur de pluſieurs poids les ſépare en ſor-te que les poids d'une part multipliés chacun par ſa diſtance de cette droite, ſont préciſément égaux aux poids

*Art. 3.

Fig. 18. 19.

de l'autre part multipliés aussi chacun par sa distance de
cette même droite. Donc posant le cas que x croissant,
y & z croissent aussi, c'est-à-dire que les foyers F, G, H Fig. 19.
tombent du même côté de MP, comme l'on suppose toû-
jours en prenant la différence de l'équation donnée selon
les regles prescrites ; il s'ensuit que la ligne MP laissera
d'une part les poids en C & D, & de l'autre le poids en
E, & qu'ainsi l'on aura $a + y \times CL + x \times DK - 2z \times EI = 0$,
qui étoit l'équation à construire.

    Or je dis maintenant que puisque la construction est bon-
ne dans ce cas, elle le sera aussi dans tous les autres ; car
supposant par exemple que le point M change de situation dans la courbe en sorte que x croissant, y & z dimi- Fig. 18.
nüent, c'est-à-dire que les foyers G, H passent de l'autre
côté de MP, il s'ensuit 1°. * Qu'il faut changer dans la *Art. 8.
différence de l'équation donnée les signes des termes affectés par dy, dz, ou par leurs proportionnelles DK, EI ;
de sorte que l'équation à construire sera dans ce nouveau cas $a + y \times CL - x \times DK + 2z \times EI = 0$. 2°. Que
les poids en D & E changeront de côté par rapport à
MP, & qu'ainsi l'on aura par la proprieté du centre de
pesanteur $\overline{a + y} \times CL - x \times DK + 2z \times EI = 0$, qui est l'é-
quation à construire. Et comme cela arrive toûjours dans
tous les cas possibles, il s'ensuit, &c.

    Il est évident que le même raisonnement subsistera toû-
jours tel que soit le nombre des foyers, & telle que puisse être l'équation donnée, de sorte que l'on peut énoncer
ainsi la construction générale.

    Soit prise la différence de l'équation donnée dont je
suppose que l'un des membres soit zero, & soit décrit à
discrétion du centre M un cercle CDE qui coupe les droites MF, MG, MH aux points C, D, E, dans lesquels soient
conçus des poids qui ayent entr'eux le même rapport
que les quantités qui multiplient les différences des lignes sur lesquelles ils sont situés. Je dis que la ligne MP qui
passe par leur commun centre de pesanteur, sera la perpendiculaire requise. Il est à remarquer que si l'un des

poids eſt négatif dans la différence de l'équation donnée, il le faut concevoir de l'autre côté du point M par rapport au foyer.

FIG. 20.

Si l'on veut que les foyers F, G, H ſoient des lignes droites ou courbes ſur qui les droites MF, MG, MH tombent à angles droits, la même conſtruction aura toûjours lieu. Car menant du point m pris infiniment prés de M les perpendiculaires mf, mg, mh ſur les foyers, & du point M les petites perpendiculaires MR, MS, MO ſur ces lignes ; il eſt clair que Rm ſera la différence de M F, puiſque les droites MF, Rf étant perpendiculaires entre les paralleles Ff, MR, elles ſeront égales, & de même que Sm eſt la différence de MG, & Om celle de MH ; & on prouvera enſuite tout le reſte comme ci-deſſus.

FIG. 21.

On peut encore concevoir que les foyers F, G, H ſoient tous ou en partie des lignes courbes qui ayent des commencemens fixes & invariables aux points F, G, H, & que la ligne courbe AMB ſoit telle qu'ayant mené par éxemple d'un de ſes points quelconques M les tangentes MV, MX & la droite MG ; la relation des lignes mixtilignes FVM, HXM & de la droite GM ſoit exprimée par une équation quelconque. Car ayant mené du point m pris infiniment prés de M la tangente mu, il eſt clair qu'elle rencontrera l'autre tangente au point V (puiſqu'elle n'eſt que la continüation du petit arc Vu conſidéré comme une petite droite), & partant que ſi l'on décrit du centre V le petit arc de cercle MR ; Rm ſera la différence de la ligne mixtiligne FVM qui devient FVuRm. Et tout le reſte ſe démontrera comme ci-devant.

M. Tſchirnhaus *a donné la premiere idée de ce Problême dans ſon livre de la Medecine de l'eſprit ; M.* Fatio *en a trouvé en ſuite une ſolution tres-ingénieuſe qu'il a fait inſérer dans les Journaux d'Hollande : mais la maniére dont ils l'ont conçeu, n'eſt qu'un cas particulier de la conſtruction générale que je viens de donner.*

EXEMPLE I.

33. SOIT $axx + byy + czz - f^3 = o$ (les droites a,b,c,f
font données) dont la différence est $axdx + bydy + czdz$
$= o$. C'est-pourquoy concevant en C le poids ax, en D le Fig. 22.
poids by, & en E le poids cz, c'est-à-dire des poids qui
soient entr'eux comme ces réctangles; la ligne MP qui
passe par leur commun centre de pesanteur, sera perpendiculaire à la courbe au point M.

Mais si l'on mene FO parallele à CL, & que l'on prenne le rayon MC pour l'unité, les triangles semblables
MCL, MFO donneront $FO = x \times CL$; & de même menant GR parallele à DK, & HS parallele à EI, on trouvera que $GR = y \times DK$ & $HS = z \times EI$: de sorte qu'en
imaginant aux foyers F, G, H les poids a, b, c; la ligne MP,
qui passe par le centre de pesanteur des poids ax, by, cz
supposez en C, D, E, passera aussi par le centre de pesanteur de ces nouveaux poids. Or ce centre est un point
fixe, puisque les poids en F, G, H, sçavoir a, b, c, sont des
droites constantes qui demeurent toûjours les mêmes en
quelque endroit que se trouve le point M. D'où il suit
que la courbe AMB doit être telle que toutes ses perpendiculaires se coupent dans le même point, c'est-à-dire
qu'elle sera un cercle qui aura pour centre ce point. Voici
donc une proprieté tres-remarquable du cercle que l'on
peut énoncer ainsi.

S'il y a sur un même plan autant de poids a, b, c, &c.
que l'on voudra, situés en F, G, H, &c. & que l'on décrive de leur commun centre de pesanteur un cercle AMB ;
je dis qu'ayant mené d'un de ses points quelconques M,
les droites MF, MG, MH, &c. la somme de leurs quarrés
multipliés chacun par le poids qui luy répond, sera toûjours égale à une même quantité.

EXEMPLE II.

34. SOIT la courbe AMB telle qu'ayant mené d'un Fig. 23.
de ses points quelconques M au foyer F qui est un point

fixe la droite MF, & au foyer G qui eſt une ligne droite
la perpendiculaire MG; le rapport de MF à MG ſoit toûjours le même que de la donnée a à la donnée b.

Ayant nommé FM, x; MG, y; on aura $x . y :: a, b$, &
partant $ay = bx$ dont la différence eſt $ady - bdx = 0$.
C'eſt-pourquoy concevant en C pris au delà de M par
rapport à F le poids b, & en D (à pareille diſtance de M)
le poids a, & menant par leur centre commun de peſanteur la ligne MP; elle ſera la perpendiculaire requiſe.

Il eſt clair par le principe de la balance, que ſi l'on diviſe
la corde CD au point P en ſorte que $CP . DP :: a . b$; le point
P ſera le centre commun de peſanteur des poids ſuppoſés
en C & D.

La courbe AMB eſt une Section conique, ſçavoir une
Parabole lorſque $a = b$, une Hyperbole lorſque a ſurpaſſe b, & enfin une Ellipſe lorſqu'il eſt moindre.

E X E M P L E   III.

FIG. 24.

35. S i aprés avoir attaché les extrémités d'un fil
$FZVMGMXYH$ en F & en H, & avoir fiché une petite poin-
te en G, on fait tendre également ce fil par le moyen
d'un ſtyle placé en M, en ſorte que les parties FZV, HYX
ſoient roulées autour des courbes qui ont leur origine
en F & H, que la partie MG ſoit double, c'eſt-à-dire
qu'elle ſoit repliée en G, & que les choſes demeurant
en cet état l'on faſſe mouvoir le ſtyle M; il eſt clair qu'il
décrira une courbe AMB. Il eſt queſtion de mener d'un
point donné M ſur cette courbe la perpendiculaire MP, la
poſition du fil qui ſert à la décrire étant donnée en ce point.

Je remarque que les parties droites MV, MX du fil ſont
toûjours tangentes en V & X, & que ſi l'on nomme les
lignes mixtilignes $FZVM$, x; $HYXM$, z; la droite MG, y;
& une ligne droite priſe égale à la longueur du fil, a;
l'on aura toûjours $x + 2y + z = a$: d'où je connois que
la courbe AMB eſt compriſe dans la conſtruction générale.
le. C'eſt-pourquoy prenant la différence $dx + 2dy + dz$
$= 0$, & concevant en C le poids 1, en D le 2, & en E le
poids

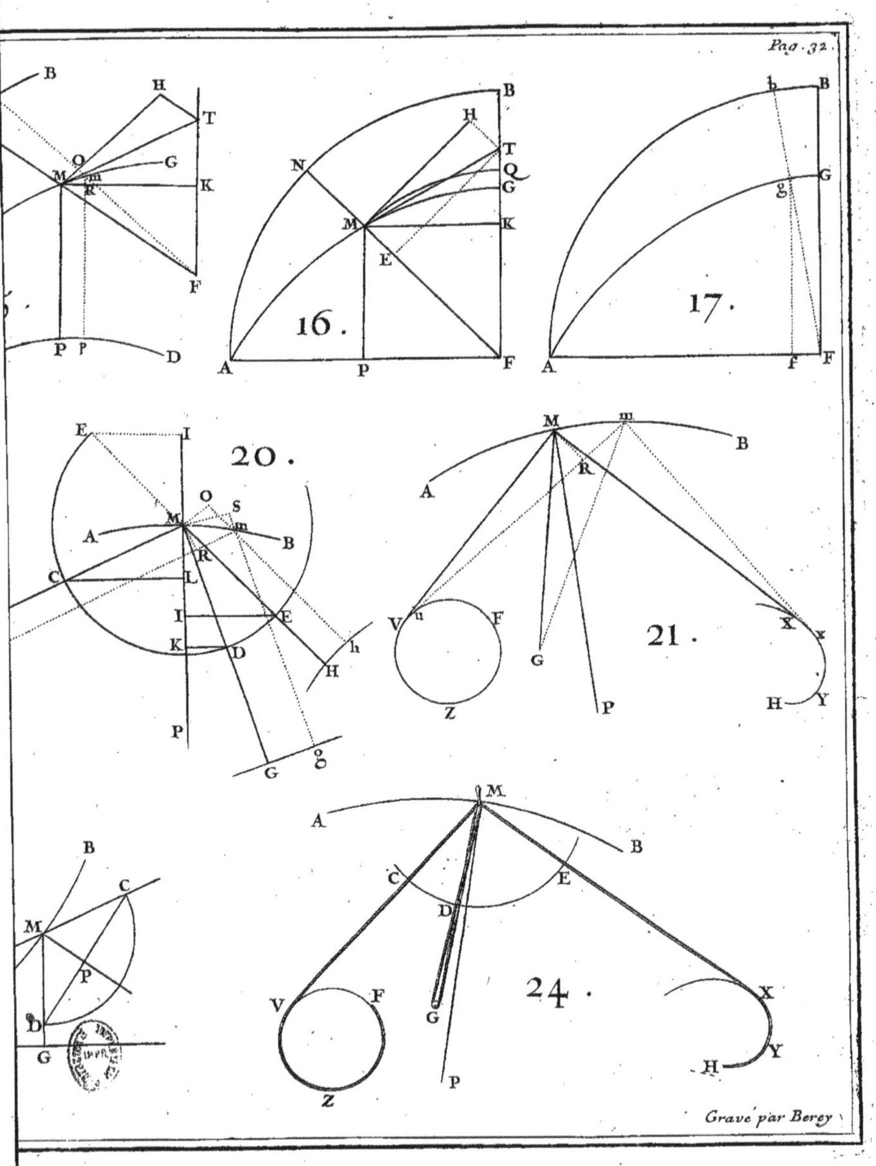
B
H
T
O
G
M
m
R
K
F
P P
D
16.
B
H
T
Q
G
N
K
M
E
A
P
F
17.
b B
G
g
A
f F
20.
E
I
O
S
M
m
A
B
R
C
L
I
E
K
D
P
G
o
H
h
M
m
B
A
R
G
P
V
u
F
X
x
Z
H
Y
21.
M
A
B
c
D
E
V
F
G
X
Z
P
H
Y
24.
B
C
M
P
D
G

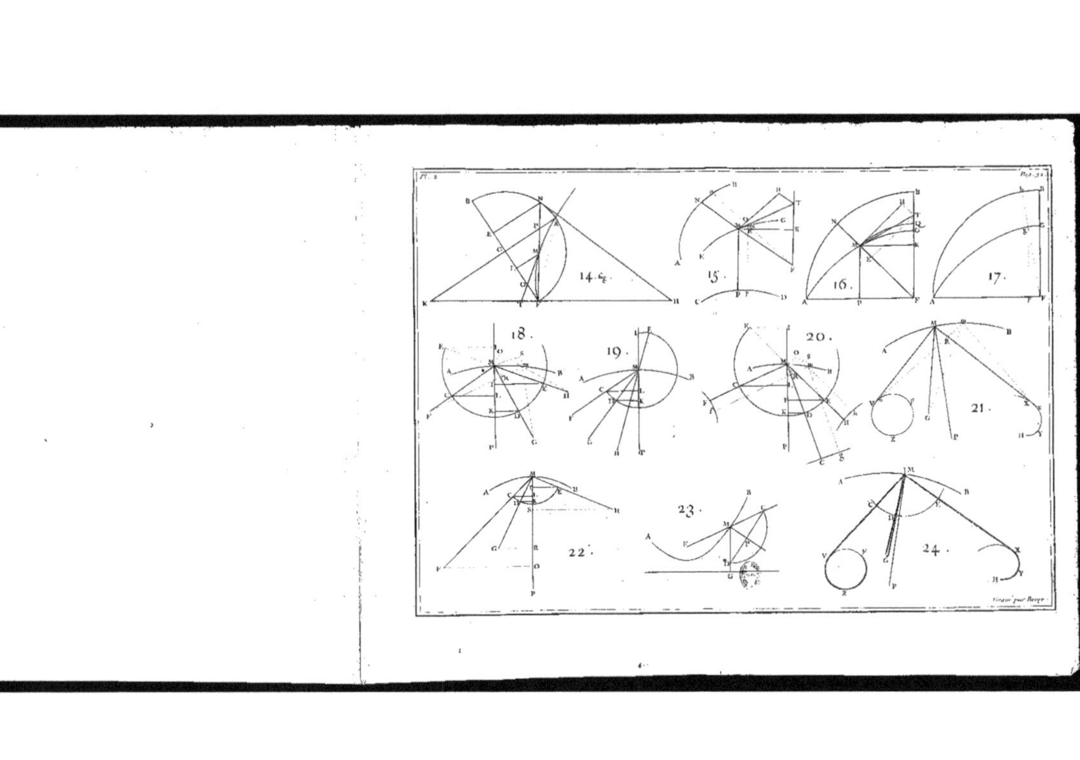

Pl. 2
Pag. 32
14. cg.
15.
16.
17.
18.
19.
20.
21.
22.
23.
24.
Gravé par Berger

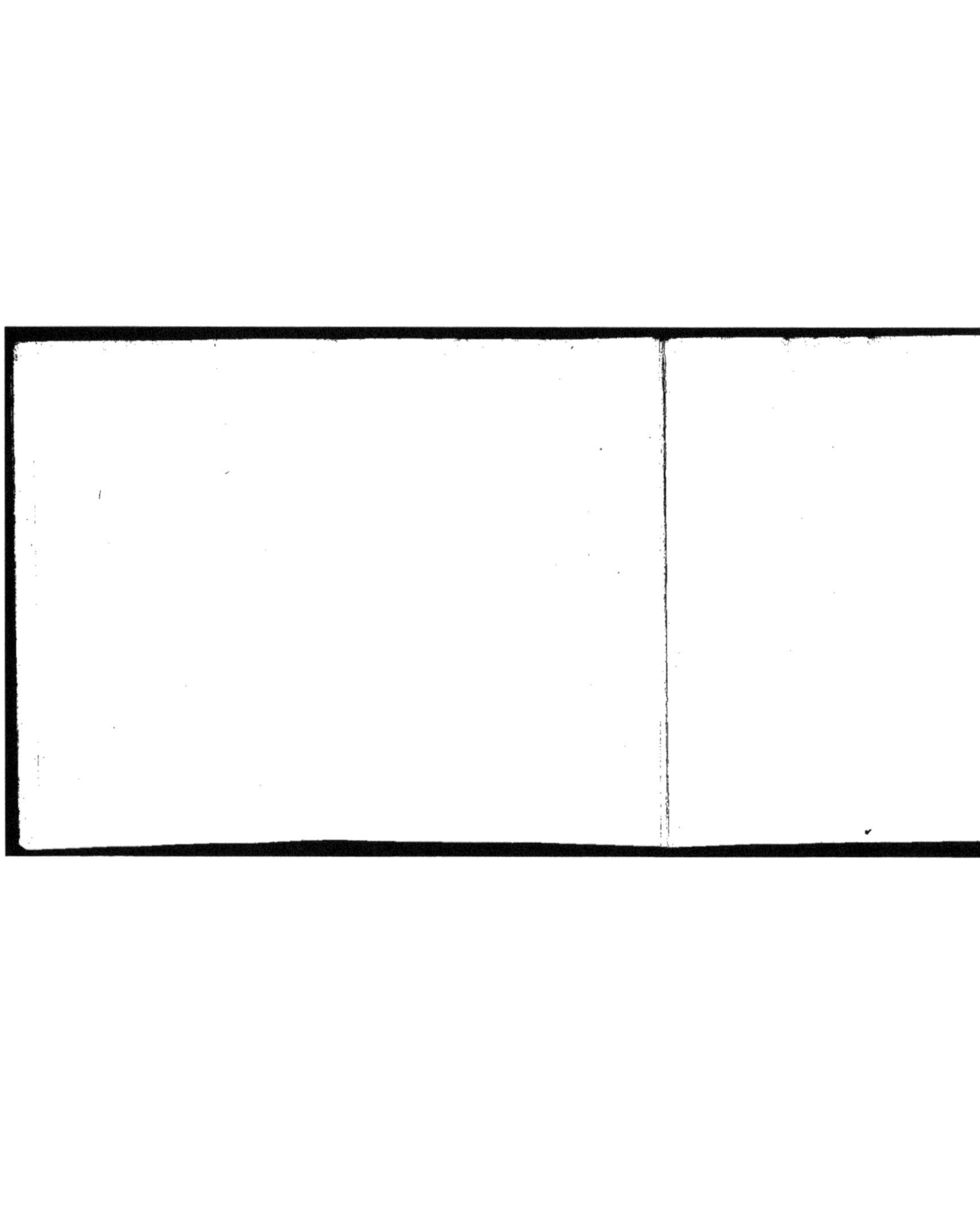

poids *1;* je dis que la ligne *MP*, qui paſſe par le centre commun de peſanteur de ces poids, ſera la perpendiculaire requiſe.

PROPOSITION XI.

Problême.

36. SOIENT *deux lignes quelconques* APB, EQF *dont* FIG. 25. *l'on ſçache mener les tangentes* PG, QH; *& ſoit une ligne droite* PQ *ſur laquelle ſoit marqué un point* M. *Si l'on conçoit que les extrémités* P, Q *de cette droite gliſſent le long des lignes* AB, EF, *il eſt clair que le point* M *décrira dans ce mouvement une ligne courbe* CD. *Il eſt queſtion de mener d'un point donné* M *ſur cette courbe la tangente* MT.

Ayant imaginé que la droite mobile PMQ ſoit parvenüe dans la ſituation infiniment proche *pmq*, on tirera les petites droites PO, MR, QS perpendiculaires ſur PQ, ce qui formera les petits triangles réctangles pOP, mRM, qSQ; & ayant pris *PK* égale à MQ, on menera la droite *HKG* perpendiculaire ſur PQ, & l'on prolongera *OP* en *T*, où je ſuppoſe qu'elle rencontre la tangente cherchée *MT*. Cela poſé, il eſt clair que les petites droites *Op, Rm, Sq* ſeront égales entr'elles, puiſque par la conſtruction PM & MQ ſont par tout les mêmes.

Ayant nommé les connuës *PM* ou KQ, *a*; MQ ou *PK*, *b*; *KG*, *f*; *KH*, *g*; & la petite droite *Op* ou *Rm* ou *Sq*, *dy*; les triangles ſemblables *PKG* & *pOP*, QKH & qSQ donneront $PK\ (b).\ KG\ (f)\ ::\ pO\ (dy).\ OP = \frac{fdy}{b}$. Et

$$QK\ (a).\ KH\ (g)\ ::\ qS\ (dy).\ SQ = \frac{gdy}{a}.$$ Or l'on ſçait par la Geométrie commune que $MR = \dfrac{OP \times MQ + QS \times PM}{PQ}$ $= \dfrac{fdy + gdy}{a+b}$. Ainſi les triangles ſemblables *mRM, MPT* donneront $mR\ (dy).\ RM\ \frac{fdy+gdy}{a+b}\ ::\ MP\ (a).\ PT = \frac{af+ag}{a+b}$. Ce qu'il falloit trouver.

E

PROPOSITION XII.

Problême.

FIG. 26.

37. SOIENT *deux lignes quelconques* BN, FQ *qui ayent pour axes les droites* BC, ED *qui s'entre-coupent à angles droits au point* A ; *& soit une ligne courbe* LM *telle qu'ayant mené d'un de ses points quelconques* M *les droites* MGQ, MPN *paralleles à* AB, AE ; *la relation des espaces* EGQF, *(le point* E *est un point fixe donné sur la droite* AE, *& la ligne* EF *est parallele à* AC *)* APND, *& des droites* AP, PM, PN, GQ, *soit exprimée par une équation quelconque. Il est question de mener d'un point donné* M *sur la courbe* LM, *la tangente* MT.

Ayant nommé les données & variables AP ou GM, x ; PM ou AG, y ; PN, u ; GQ, z ; l'espace $EGQF$, s ; l'espace $APND$, t ; & les soutangentes données PH, a ; GK, b ; l'on aura Pp ou NS ou $MR = dx$, Gg ou Rm ou $OQ = - dy$; $Sn = - du = \frac{udx}{a}$ à cause des triangles semblables HPN, NSn ; $Oq = dz = - \frac{zdy}{b}$, $NPpn = dt = udx$, & $QGgq = ds = - zdy$; où l'on doit observer que les valeurs de Rm & Sn sont négatives, parce que AP (x) croissant, PM (y) & PN (u) diminüent. Cela posé, on prendra la différence de l'équation donnée, dans laquelle on mettra à la place de dt, ds, du, dz leurs valeurs $udx, - zdy, - \frac{udx}{a}, - \frac{zdy}{b}$; ce qui donnera une nouvelle équation qui exprimera le rapport cherché de dy à dx, ou de MP à PT.

EXEMPLE I.

38. SOIT $s + zz = t + ux$, on aura en prenant les différences $ds + 2zdz = dt + udx + xdu$, & mettant à la place de ds, dt, dz, du leurs valeurs, on trouvera $- zdy - \frac{zzdy}{b} = 2udx - \frac{uxdx}{a}$, d'où l'on tire $PT \left(\frac{ydx}{dy} \right) = \frac{2ayzz + aybz}{bux - 2abu}$.

EXEMPLE II.

39. SOIT $s = t$, donc $ds = dt$, c'eſt-à-dire $- zdy$ $= udx$; & partant $PT \left(\frac{ydx}{dy} \right) = - \frac{yz}{u}$. Or comme cette quantité eſt négative, il s'enſuit *que l'on doit prendre   * *Art. 10.* le point T du côté oppoſé au point A origine des x. Si l'on ſuppoſe que la ligne FQ ſoit une hyperbole qui ait pour aſymptotes les droites AC, AE, en ſorte que GQ (z) $= \frac{cc}{y}$, & que la ligne BND ſoit une droite parallele à AB, de maniére que PN (u) ſoit par tout égale à la droite donnée c; il eſt clair que la courbe LM a pour aſymptote la droite AB, & que ſa ſoutangente $PT \left(- \frac{yz}{u} \right) = - c$: c'eſt-à-dire qu'elle demeure par tout la même.

La courbe LM eſt appellée dans ce cas *Logarithmique*.

PROPOSITION XIII.

Problême.

40. SOIENT *deux lignes quelconques* BN, FQ *qui ayent* FIG. 27. *pour axe la même droite* BA, *ſur laquelle ſoient marqués deux points fixes* A, E; *ſoit une troiſiéme ligne courbe* LM *telle qu'ayant mené par un de ſes points quelconques* M *la droite* AN, *décrit du centre* A *l'arc de cercle* MG, *& tiré* GQ *parallele à* EF *perpendiculaire ſur* AB; *la relation des eſpaces* EGQF (s), ANB (t), *& des droites* AM *ou* AG (y), AN (z), GQ (u), *ſoit exprimée par une équation quelconque. Il faut mener d'un point donné* M *ſur la courbe* LM *la tangente* MT.

Aprés avoir mené la droite *ATH* perpendiculaire ſur *AMN*, ſoit imaginé une autre droite *Amn* infiniment proche de *AMN*, un autre arc *mg*, une autre perpendiculaire *gq*; & décrit du centre *A* le petit arc *NS*: on nommera les ſoutangentes données AH, a; GK, b; & on aura Rm ou $Gg = dy$, $Sn = dz$; les triangles ſemblables *HAN* & *NSn*, *KGQ*

& $\mathcal{Q}Oq$, donneront aussi $SN = \frac{adz}{z}$, $Oq = - du = \frac{udy}{b}$, $G\mathcal{Q}qg = - ds = udy$, ANn ou $AN \times \frac{1}{2} NS = - dt = \frac{1}{2} adz$. On mettra toutes ces valeurs dans la différence de l'équation donnée, & l'on en formera une nouvelle, d'où l'on tirera une valeur de dz en dy. Or à cause des secteurs & des triangles semblables ANS & AMR, mRM & MAT, on trouve $AN (z) . AM (y) :: NS \left(\frac{adz}{z}\right) . MR = \frac{aydz}{zz}$. Et $mR (dy) . RM \left(\frac{aydz}{zz}\right) :: AM (y) . AT = \frac{ayydz}{zzdy}$. Si donc l'on met dans cette formule à la place de dz sa valeur en dy, les différences se détruiront, & la valeur de la soutangente cherchée AT sera exprimée en termes entiérement connus. Ce qu'il falloit trouver.

E X E M P L E I,

41. SOIT $uy - s = zz - t$, dont la différence est $udy + ydu - ds = 2zdz - dt$, ce qui donne (aprés la substitution faite) $dz = \frac{4budy - zuydy}{4bz + ab}$; & en mettant cette valeur dans $\frac{ayydz}{zzdy}$, on trouve $AT = \frac{4abuyy - zauy^3}{4bz^3 + abzz}$.

E X E M P L E II.

42. SOIT $s = 2t$, donc $ds = 2dt$, c'est-à-dire $- udy = - adz$, ou $dz = \frac{udy}{a}$; & partant $AT \left(\frac{ayydz}{zzdy}\right) = \frac{uyy}{zz}$.

Si la ligne BN est un cercle qui ait pour centre le point A, & pour rayon la droite $AB = AN = c$, & que $F\mathcal{Q}$ soit une hyperbole telle que $G\mathcal{Q} (u) = \frac{ff}{y}$; il est clair que la courbe ML fait une infinité de retours autour du centre A avant que d'y parvenir (puisque l'espace $FEG\mathcal{Q}$ devient infini lorsque le point G tombe en A), & que $AT = \frac{ffy}{cc}$. D'où l'on voit que la raison de AM à AT est constante; & partant que l'angle AMT est par tout le même.

La courbe LM est appellée en ce cas *Logarithmique spirale*.

PROPOSITION XIV.
Theorême.

43. Soient *sur un même plan deux courbes quelconques* Fig. 28.
AMD, BMC *qui se touchent en un point* M, *& soit sur le
plan de la courbe* BMC *un point fixe* L. *Si l'on conçoit à pre-
sent que la courbe* BMC *roule sur la courbe* AMD *en s'y appli-
quant continuëllement en sorte que les parties révoluës* AM, BM
soient toûjours égales entr'elles; il est visible que le plan BMC
emportant le point L, *ce point décrira dans ce mouvement une
espece de roulette* ILK. *Cela posé, je dis que si l'on mene dans
chaque différente position de la courbe* BMC (*du point décrivant* L *au point touchant* M) *la droite* LM; *elle sera perpendiculaire à la courbe* ILK.

Car imaginant sur les deux courbes *AMD , BMC* deux
parties *Mm, Mm* égales entr'elles & infiniment petites, on
les pourra considérer *comme deux petites droites qui font   * *Art. 3.*
au point *M* un angle infiniment petit. Or afin que le petit côté *Mm* de la courbe ou poligone *BMC* tombe sur le
petit côté *Mm* du poligone *AMD*; il faut que le point *L*
décrive autour du point touchant *M* comme centre un
petit arc *Ll*. Il est donc évident que ce petit arc sera partie de la courbe *ILK*; & par-conséquent que la droite *ML*,
qui luy est perpendiculaire, sera aussi perpendiculaire sur
la courbe *ILK* au point *L*. Ce qu'il falloit prouver.

PROPOSITION XV.
Problême.

44. Soit *un angle rectiligne quelconque* MLN, *dont les* Fig. 29.
côtés LM, LN *touchent deux courbes quelconques* AM, BN.
*Si l'on fait glisser ces côtés autour de ces courbes, en sorte qu'ils
les touchent continuëllement; il est clair que le sommet* L *décrira dans ce mouvement une courbe* ILK. *Il est question de
mener une perpendiculaire* LC *sur cette courbe, la position de
l'angle* MLN *étant donnée.*

E iij

Soit décrit un cercle qui passe par le sommet *L*, & par les points touchans *M*, *N* ; soit menée par le centre *C* de ce cercle la droite *CL* : je dis qu'elle sera perpendiculaire à la courbe *ILK*.

Car considérant les courbes *AM*, *BN* comme des poligones d'une infinité de côtés tels que *Mm*, *Nn* ; il est évident que si l'on fait glisser les côtés *LM*, *LN* de l'angle rectiligne *MLN*, qu'on suppose demeurer toûjours le même, autour des points fixes *M*, *N*, (on considére les tangentes *LM*, *LN* comme la continüation des petits côtés *Mf*, *Ng*) jusqu'à ce que le côté *LM* de l'angle tombe sur le petit côté *Mm* du poligone *AM*, & l'autre côté *LN* sur le petit côté *Nn* du poligone *BN* ; le sommet *L* décrira une petite partie *Ll* de l'arc de cercle *MLN*, puisque par la construction cet arc est capable de l'angle donné *MLN*. Cette petite partie *Ll* sera donc commune à la courbe *ILK* ; & par-conséquent la droite *CL*, qui luy est perpendiculaire, sera aussi perpendiculaire sur cette courbe au point *L*. Ce qu'il falloit démontrer.

PROPOSITION XVI.

Problême.

FIG. 30.

45. *Soit* ABCD *une corde parfaitement fléxible, à laquelle soient attachés différens poids* A, B, C, *&c. qui ayent entr'eux tels intervalles* AB, BC, *&c. que l'on voudra. Si l'on traîne cette corde sur un plan horizontal par l'extrémité* D, *le long d'une courbe donnée* DP ; *il est clair que ces poids se disposeront en sorte qu'ils feront tendre la corde, & qu'ils décriront en suite des courbes* AM, BN, CO, *&c. On demande la maniére d'en tirer les tangentes, la position de la corde* ABCD *étant donnée avec la grandeur des poids.*

Dans le premier instant que l'extrémité *D* avance vers *P*, les poids *A*, *B*, *C* décrivent ou tendent à décrire autant de petits côtés *Aa*, *Bb*, *Cc* des poligones qui composent les courbes *AM*, *BN*, *CO* ; & par-conséquent il ne faut pour en mener les tangentes *AB*, *BG*, *CK*, que déterminer la direction des poids *A*, *B*, *C* dans ce premier inftant, c'eft-à-dire la pofition des droites qu'ils tendent à décrire. Pour la trouver, je remarque

1°. Que le poids *A* eft tiré dans ce premier inftant fuivant la direction *AB*, & comme il n'y a aucun obftacle qui s'oppofe à cette direction, puifqu'il ne traîne après luy aucun poids, il la doit fuivre ; & partant la droite *AB* fera la tangente en *A* de la courbe *AM*.

2°. Que le poids *B* eft tiré fuivant la direction *BC;* mais parce qu'il traîne après luy le poids *A* qui n'eft pas dans cette direction, & qui doit par-conféquent y apporter quelque changement, le poids *B* n'aura pas fa direction fuivant *BC*, mais fuivant une autre droite *BG*, dont il faut trouver la pofition. Ce que je fais ainfi.

Je décris fur *BC* comme diagonale le rectangle *EF*, dont le côté *BF* eft fur *AB* prolongée, & fuppofant que la force avec laquelle le poids *B* eft tiré fuivant *BC*, s'exprime par *BC;* il eft vifible par les regles de la Mécanique, que cette force *BC* fe peut partager en deux autres *BE* & *BF*, c'eft-à-dire que le poids *B* étant tiré fuivant la direction *BC* par la force *BC*, c'eft la même chofe que s'il étoit tiré en même tems par la force *BE* fuivant la direction *BE*, & par la force *BF* fuivant la direction *BF*. Or le poids *A* ne s'oppofe point à la direction *BE*, puifqu'elle luy eft perpendiculaire ; & par-conféquent la force *BE* fuivant cette direction demeure toute entiere : mais il s'oppofe avec toute fa pefanteur à la direction *BF*. Afin donc que le poids *B* avec la force *BF* vainque la réfiftance du poids *A*, il faut que cette force fe diftribuë dans ces poids à proportion de leurs maffes ou grandeurs : c'eft-pourquoy fi l'on divife *EC* au point *G*, en forte que *CG* foit à *GE* comme le poids *A* au poids *B;* il eft clair que *EG* exprimera la force reftante avec laquelle le poids *B* tend à fe mouvoir fuivant la direction *BF*, après avoir vaincu la réfiftance du poids *A*. Il eft donc évident que le poids *B* eft tiré en même tems par la force *BE* fuivant la direction *BE*, & par la force *EG* fuivant la direction

BF ou *EC* ; & partant qu'il tendra à aller par *BG* avec la force *BG* : c'est-à-dire que *BG* sera sa direction, & par-conséquent tangente en *B* de la courbe *BN*.

3°. Pour avoir la tangente *CK*, je forme sur *CD* comme diagonale le rectangle *HI*, dont le côté *CI* est sur *BC* prolongée ; & je vois que le poids *B* ne résiste point à la force *CH* avec laquelle le poids *C* est tiré suivant la direction *CH*, mais bien à la force *CI* avec laquelle il est tiré suivant la direction *CI*, & de plus que le poids *A* résiste aussi à cette force. Pour sçavoir de combien, je tire *AL* perpendiculaire sur *CB* prolongée du côté de *B*, & je remarque que si *AB* exprime la force avec laquelle le poids *A* est tiré suivant la direction *AB*, *BL* exprimera celle avec laquelle ce même poids *A* est tiré suivant la direction *BC* ; de sorte que le poids *C* avec la force *CI* doit vaincre le poids entier *B*, & de plus une partie du poids *A* qui est à ce poids *A* comme *BL* est à *BA*, ou *BF* à *BC*. Si donc l'on fait

$$B + \frac{A \times BF}{BC} \cdot C :: DK . KH.$$

il est clair que *CK* sera la direction du poids *C*, & par-conséquent la tangente en *C* de la troisiéme courbe *CO*.

Si le nombre des courbes étoit plus grand, on trouveroit de la même maniére la tangente de la quatriéme, cinquiéme, &c. Et si l'on vouloit avoir les tangentes des courbes décrites par les points moyens entre les poids, on les trouveroit par l'art. 36.

SECTION III.

Usage du calcul des différences pour trouver les plus grandes & les moindres appliquées, où se réduisent les questions De maximis & minimis.

DÉFINITION I.

SOIT une ligne courbe *MDM* dont les appliquées *PM*, *ED*, *PM* soient paralleles entr'elles ; & qui soit telle que la coupée *AP* croissant continüellement, l'appliquée *PM* croisse aussi jusqu'à un certain point *E*, aprés lequel elle diminuë ; ou au contraire qu'elle diminuë jusqu'à un certain point *E*, aprés lequel elle croisse. Cela posé,

La ligne *ED* sera nommée *la plus grande*, ou *la moindre* appliquée.

Fig. 31.
32.
33.
34.

DÉFINITION II.

Si l'on propose une quantité telle que *PM*, qui soit composée d'une ou de plusieurs indéterminées telles que *AP*, laquelle *AP* croissant continüellement, cette quantité *PM* croisse aussi jusqu'à un certain point *E*, aprés lequel elle diminuë, ou au contraire ; & qu'il faille trouver pour *AP*, une valeur *AE* telle que la quantité *ED* qui en est composée, soit plus grande ou moindre que toute autre quantité *PM* semblablement formée de *AP*. Cela s'appelle une question *De maximis & minimis*.

PROPOSITION GÉNÉRALE.

46. LA *nature de la ligne courbe* MDM *étant donnée ; trouver pour* AP *une valeur* AE *telle que l'appliquée* ED *soit la plus grande ou la moindre de ses semblables* PM.

Lorsque *AP* croissant, *PM* croît aussi ; il est évident * que sa différence *Rm* sera positive par rapport à celle de *AP* ; & qu'au contraire lorsque *PM* diminuë, la coupée *AP* crois-

* *Art.* 8. 10.

F

fant toûjours, fa différence fera négative. Or toute quantité qui croît ou diminuë continüellement, ne peut devenir de pofitive négative, qu'elle ne paſſe par l'infini ou par le zero ; ſçavoir par le zero lorſqu'elle va d'abord en diminüant, & par l'infini lorſqu'elle va d'abord en augmentant. D'où il fuit que la différence d'une quantité qui exprime un *plus grand* ou un *moindre*, doit être égale à zero ou à l'infini. Or la nature de la courbe *MDM* étant

Seʄt.1.ou 2. donnée, on trouvera * une valeur de *Rm*, laquelle étant égalée d'abord à zero, & enſuite à l'infini, ſervira à découvrir la valeur cherchée de *AE* dans l'une ou l'autre de ces ſuppoſitions.

R E M A R Q U E.

Fig. 31.32.   47. La tangente en *D* eſt parallele à l'axe *AB* lorſque la différence *Rm* devient nulle dans ce point ; mais lorſ-

Fig. 33.34.   qu'elle devient infinie, la tangente ſe confond avec l'appliquée *ED*. D'où l'on voit que la raiſon de *mR* à *RM*, qui exprime celle de l'appliquée à la ſoutangente, eſt nulle ou infinie ſous le point *D*.

On conçoit aiſément qu'une quantité, qui diminuë continüellement, ne peut devenir de pofitive négative ſans paſſer par le zero ; mais on ne voit pas avec la même évidence que lorſqu'elle augmente, elle doive paſſer par l'in-

Fig. 31.32.   fini. C'eſt-pourquoy pour aider l'imagination, ſoient entenduës des tangentes aux points *M, D, M*; il eſt clair dans les courbes où la tangente en *D* eſt parallele à l'axe *AB*, que la ſoutangente *PT* augmente continüellement à meſure que les points *M, P* approchent des points *D, E* ; &

Art. 10.   que le point *M* tombant en *D*, elle devient infinie ; & qu'enfin lorſque *AP* ſurpaſſe *AE*, la ſoutangente *PT* devient * négative de pofitive qu'elle étoit, ou au contraire.

E X E M P L E I.

Fig. 35.   48. Supposons que $x^3 + y^3 = axy$ ($AP = x$, $PM = y$, $AB = a$) exprime la nature de la courbe *MDM*. On aura en prenant les différences $3xxdx + 3yydy = axdy + aydx$,

& $dy = \frac{aydx - 3xxdx}{3yy - ax} = 0$ lorfque le point P tombe fur le point cherché E, d'où l'on tire $y = \frac{3xx}{a}$; & fubftituant cette valeur à la place de y dans l'équation $x^3 + y^3 = axy$, on trouve pour AE une valeur $x = \frac{1}{3}a\sqrt[3]{2}$ telle que l'appliquée ED fera plus grande que toutes fes femblables PM.

EXEMPLE II.

49. Soit $y - a = a^{\frac{1}{3}} \times \overline{a - x}^{\frac{2}{3}}$, l'équation qui expri- Fig. 33. me la nature de la courbe MDM. On aura en prenant les différences, $dy = -\frac{2dx\sqrt[3]{a}}{3\sqrt[3]{a - x}}$ que j'égale d'abord à zero ; mais parce que cette fuppofition me donne $-2dx\sqrt[3]{a} = 0$ qui ne peut faire connoître la valeur de AE, j'égale enfuite $\frac{-2dx\sqrt[3]{a}}{3\sqrt[3]{a - x}}$ à l'infini, ce qui me donne $3\sqrt[3]{a - x} = 0$, d'où l'on tire $x = a$, qui eft la valeur cherchée de AE.

EXEMPLE III.

50. Soit une demi-roulette accourcie AMF, dont la Fig. 36. bafe BF eft moindre que la demi-circonférence ANB du cercle générateur qui a pour centre le point C. Il faut déterminer le point E fur le diamètre AB, en forte que l'appliquée ED foit la plus grande qu'il eft poffible.

Ayant mené à difcretion l'appliquée PM qui coupe le demi-cercle en N, on concevra à l'ordinaire aux points M, N, les petits triangles MRm, NSn, & nommant les indéterminées AP, x; PN, z; l'arc AN, u; & les données ANB, a; BF, b; CA ou CN, c; l'on aura par la propriété de la roulette $ANB\,(a).\,BF\,(b) :: AN\,(u).\,NM = \frac{bu}{a}$. Donc $PM = z + \frac{bu}{a}$, & fa différence $Rm = \frac{adz + bdu}{a} = 0$ lorfque le point P tombe au point cherché E. Or les triangles rectangles NSn, NPC font femblables ; car fi l'on ôte des angles droits CNn, PNS l'angle commun CNS, les reftes SNn, PNC feront égaux. Et partant $CN\,(c).\,CP$

$(c - x) :: Nn \,(du) . Sn \,(dz) = \frac{cdu - xdu}{c}$. Donc en mettant cette valeur à la place de dz dans $adz + bdu = 0$, on trouvera $\frac{acdu - axdu + bcdu}{c} = 0$, d'où l'on tirera x (qui est en ce cas $AE) = c + \frac{bc}{a}$.

Il est donc évident que si l'on prend CE du côté de B quatriéme proportionnelle à la demi-circonférence ANB, à la base BF, & au rayon CB, le point E sera celuy qu'on cherche.

Exemple IV.

Fig. 35.

51. **C**ouper la ligne donnée AB en un point E, en sorte que le produit du quarré de l'une des parties AE par l'autre EB, soit le plus grand de tous les autres produits formés de la même maniere.

Ayant nommé l'inconnuë AE, x; & la donnée AB, a; on aura $\overline{AE}^2 \times EB = axx - x^3$, qui doit être un *plus grand*. C'est-pourquoy on imaginera une ligne courbe MDM, telle que la relation de l'appliquée MP (y) à la coupée AP (x) soit exprimée par l'équation $y = \frac{axx - x^3}{aa}$, & on cherchera un point E tel que l'appliquée ED soit la plus grande de toutes ses semblables PM; ce qui donne $dy = \frac{2axdx - 3xxdx}{aa} = 0$, d'où l'on tire AE $(x) = \frac{2}{3} a$.

Si l'on veut en général que $x^m \times \overline{a - x}^n$ soit un *plus grand* (m & n peuvent marquer tels nombres qu'on voudra), il faudra que la différence de ce produit soit égale à zero ou à l'infini, ce qui donne $mx^{m-1}dx \times \overline{a - x}^n - na - x^{n-1} dx \times x^m = 0$, d'où en divisant par $x^{m-1} \times \overline{a - x}^{n-1} dx$, l'on tire $am - mx - nx = 0$, & AE $(x) = \frac{m}{m + n} a$.

Si $m = 2$, & $n = -1$, l'on aura $AE = 2a$, & il faudra alors énoncer le problême ainsi.

Fig. 37.

Prolonger la ligne donnée AB du côté de B en un point E, en sorte que la quantité $\frac{\overline{AE}^2}{BE}$ soit *un moindre*, & non pas un *plus grand*; car l'équation à la courbe MDM sera

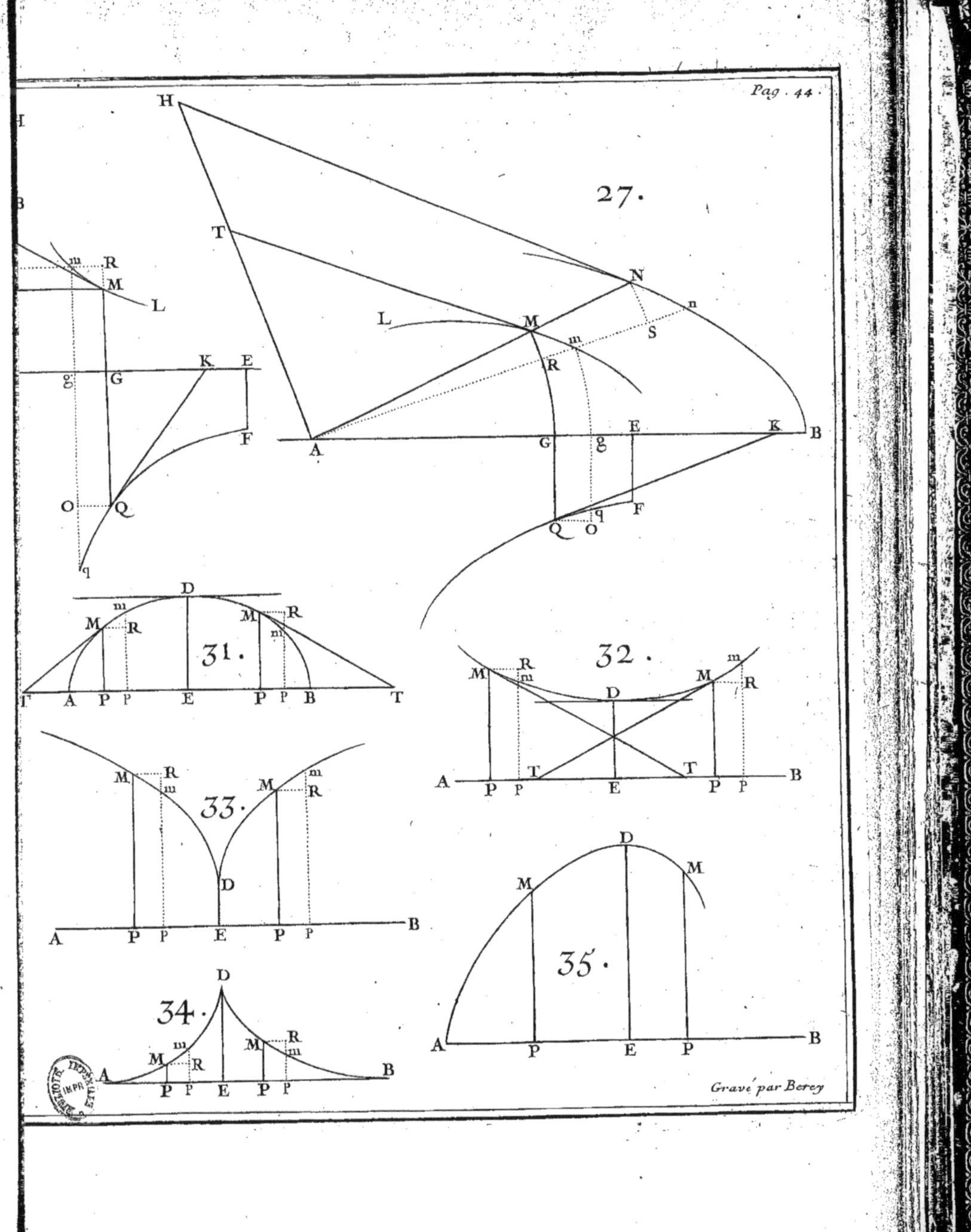
27.
H
T
N
L
M
m
n
S
R
A
G
g
E
K
B
Q
q
o
F
m
R
M
L
K
E
G
g
F
O
Q
q
D
M
m
R
M
R
m
31.
T
A
P
P
E
P
P
B
T
R
m
M
32.
M
m
R
D
A
P
P
T
E
T
P
P
B
M
R
m
M
m
R
33.
D
A
P
P
E
P
P
B
D
M
M
35.
A
P
E
P
B
D
34.
M
m
R
M
R
m
A
P
P
E
P
P
B

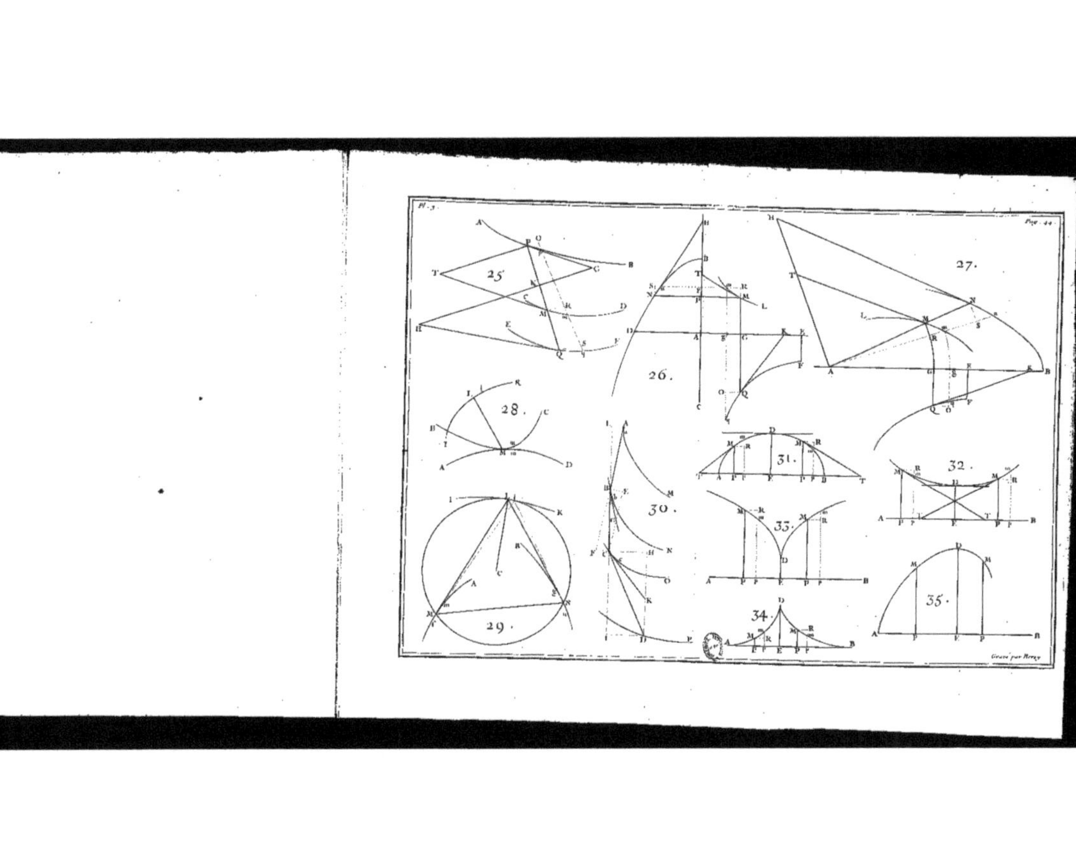

Pl. 5.
Page 44.
25.
26.
27.
28.
29.
30.
31.
32.
33.
34.
35.
Gravé par Benard.

$\frac{xx}{x-a}=y$, dans laquelle fi l'on fuppofe $x=a$, l'appliquée
PM qui devient *BC* fera $\frac{aa}{0}$, c'eft-à-dire infinie; & fuppofant x infinie, l'on aura $y=x$, c'eft-à-dire que l'appliquée
fera auffi infinie.

Si $m=1$, & $n=-2$, l'on aura $AE=-a$; d'où il fuit
que l'on doit énoncer le problême alors en cette forte.

Prolonger la droite donnée *AB* du côté de *A* en un Fig. 38.
point *E*, en forte que la quantité $\frac{AE \times \overline{AB}^2}{\overline{BE}^2}$ foit plus grande que tout autre quantité femblable $\frac{AP \times \overline{AB}^2}{\overline{BP}^2}$.

EXEMPLE V.

52. LA ligne droite *AB* étant divifée en trois parties Fig. 39.
AC, *CF*, *FB*, il faut couper fa partie du milieu *CF* au point
E, en forte que le rapport du réctangle $AE \times EB$ au réctangle $CE \times EF$ foit moindre que tout autre rapport for-
mé de la même maniére.

Ayant nommé les données *AC*, a; *CF*, b; *CB*, c; &
l'inconnuë *CE*, x; l'on aura $AE=a+x$, $EB=c-x$,
$EF=b-x$, & partant le rapport de $AE \times EB$ à $CE \times EF$
fera $\frac{ac+cx-ax-xx}{bx-xx}$ qui doit être *un moindre*. C'eft-pourquoy fi l'on imagine une ligne courbe *MDM*, telle que la
relation de l'appliquée *PM* (y) à la coupée *CP* (x) foit
exprimée par l'équation $y=\frac{aac+acx-aax-axx}{bx-xx}$, la queftion fe réduit à trouver pour x une valeur *CE* telle que
l'appliquée *ED* foit la moindre de toutes fes femblables
PM. On formera donc (en prenant les différences, & divifant enfuite par adx) l'égalité $cxx-axx-bxx+2acx$
$-abc=0$, dont l'une des racines réfout la queftion.

Si $c=a+b$, l'on aura $x=\frac{1}{2}b$.

EXEMPLE VI.

53. ENTRE tous les Cones qui peuvent être infcrits
F iij

dans une sphére, déterminer celuy qui a la plus grande surface convexe.

FIG. 40.

La question se réduit à déterminer sur le diametre AB du demi-cercle AFB le point E, en sorte qu'ayant mené la perpendiculaire EF, & joint AF, le réctangle $AF \times FE$ soit le plus grand de tous ses semblables $AN \times NP$. Car si l'on conçoit que le demi-cercle AFB fasse une révolution entiére autour du diametre AB, il est clair qu'il décrira une sphére, & que les triangles réctangles AEF, APN décriront des cones inscrits dans cette sphére, dont les surfaces convexes décrites par les cordes AE, AN, seront entr'elles comme les réctangles $AF \times FE$, $AN \times NP$.

Soit donc l'inconnuë $AE = x$, la donnée $AB = a$, on aura par la proprieté du cercle $AF = \sqrt{ax}$, $EF = \sqrt{ax - xx}$; & partant $AF \times FE = \sqrt{aaxx - ax^3}$ qui doit être un *plus grand*. C'est-pourquoy on imaginera une ligne courbe MDM telle que la relation de l'appliquée PM (y) à la coupée AP (x) soit exprimée par l'équation $\frac{\sqrt{aaxx - ax^3}}{a} = y$; & l'on cherchera le point E, en sorte que l'appliquée ED soit plus grande que toutes ses semblables PM. On aura donc en prenant la différence $\frac{2axdx - 3xxdx}{2\sqrt{aaxx - ax^3}} = 0$, d'où l'on tire AE $(x) = \frac{2}{3}a$.

E X E M P L E VII.

54. ON demande entre tous les Parallélépipedes égaux à un cube donné a^3, & qui ont pour un de leurs côtés la droite donnée b, celuy qui a la moindre superficie.

Nommant x un des deux côtés que l'on cherche, l'autre sera $\frac{a^3}{bx}$; & prenant les plans alternatifs des trois côtés b, x, $\frac{a^3}{bx}$ du parallélépipede, leur somme sçavoir $bx + \frac{a^3}{x}$ $+ \frac{a^3}{b}$ sera la moitié de sa superficie qui doit être *un moindre*. C'est-pourquoy concevant à l'ordinaire une ligne courbe qui ait pour équation $\frac{bx}{a} + \frac{aa}{x} + \frac{aa}{b} = y$, l'on trouvera en prenant la différence $\frac{bdx}{a} - \frac{aadx}{xx} = o$, d'où l'on tire $xx = \frac{a^3}{b}$, & $x = \sqrt{\frac{a^3}{b}}$; de forte que les trois côtés du parallélépipede qui satisfait à la queſtion, feront le premier b, le fecond $\sqrt{\frac{a^3}{b}}$, & le troifiéme $\sqrt{\frac{a^3}{b}}$. D'où l'on voit que les deux côtés que l'on cherchoit, font égaux entr'eux.

EXEMPLE VIII.

55. ON demande prefentement entre tous les Parallélépipedes qui font égaux à un cube donné a^3, celuy qui a la moindre fuperficie.

Nommant x un des côtés inconnus, il eſt clair par l'éxemple précédent, que les deux autres côtés feront chacun $\sqrt{\frac{a^3}{x}}$; & partant la fomme des plans alternatifs qui eſt la moitié de la fuperficie, fera $\frac{a^3}{x} + 2\sqrt{a^3 x}$ qui doit être *un moindre*. C'eſt-pourquoy fa différence $- \frac{a^3 dx}{xx} + \frac{a^3 dx}{\sqrt{a^3 x}} = o$, d'où l'on tire $x = a$; & par-conféquent les deux autres côtés feront auſſi chacun $= a$; de forte que le cube même donné fatisfait à la queſtion.

EXEMPLE IX.

56. LA ligne AEB étant donnée de poſition fur un plan avec deux points fixes C, F; & ayant mené à un de fes points quelconques P deux droites CP (u), PF (z); foit donnée une quantité compofée de ces indéterminées u & z, & de telles autres droites données a, b, &c. qu'on voudra. On demande quelle doit être la poſition des droites CE, EF, afin que la quantité donnée, qui en eſt compofée, foit plus grande ou moindre que cette même quantité lorfqu'elle eſt compofée des droites CP, PF.

Suppofons que les lignes CE, EF ayent la poſition requife; & ayant joint CF, concevons une ligne courbe DM telle qu'ayant mené à difcrétion PQM perpendiculaire fur CF, l'appliqué QM exprime la quantité donnée: il eſt clair

FIG. 41.

que le point P tombant au point E, l'appliquée QM qui
devient OD, doit être la moindre ou la plus grande de toutes ses semblables. Il faudra donc que sa différence soit
alors égale à zero ou à l'infini : c'est-pourquoy si la quantité donnée est par exemple $au + zz$, l'on aura $adu + 2zdz$
$= o$, & par-conséquent $du . - dz :: 2z . a$. D'où l'on voit
déja que dz doit être négative par rapport à du; c'est-à-
dire que la position des droites CE, EF doit être telle que
u croissant, z diminuë.

Maintenant si l'on mene EG perpendiculaire à la ligne
AEB, & d'un de ses points quelconques G les perpendiculaires GL, GI sur CE, EF; & qu'ayant tiré par le point e
pris infiniment prés de E, les droites CKe, FeH, on décrive
des centres C, F les petits arcs de cercle EK, EH : on formera les triangles rectangles ELG & EKe, EIG & EHe, qui
seront semblables entr'eux ; car si l'on ôte des angles droits
GEe, LEK le même angle LEe, les restes LEG, KEe seront
égaux ; on prouvera de même que les angles IEG, HEe
feront égaux. On aura donc $GL . GI :: Ke (du) . He (- dz)$
$:: 2z . a$. D'où il suit que la position des droites CE, EF doit
être telle qu'ayant mené la perpendiculaire EG sur la ligne
AEB; le sinus GL de l'angle GEC soit au sinus GI de l'angle
GEF, comme les quantités qui multiplient dz sont à celles qui multiplient du. Ce qu'il falloit trouver.

C O R O L L A I R E.

57. SI l'on veut à présent que la droite CE soit donnée de position & de grandeur, que la droite EF le soit de
grandeur seulement, & qu'il faille trouver sa position; il
est clair que l'angle GEC étant donné, son sinus GL le sera
aussi, & par-conséquent le sinus GI de l'angle cherché
GEF. Donc si l'on décrit un cercle du diametre EG, & que
l'on porte la valeur de GI sur sa circonférence de G en I;
la droite EF qui passe par le point I aura la position requise.

Soit $au + bz$ la quantité donnée ; on trouvera $GI =$
$\frac{a \times GL}{b}$; d'où l'on voit que quelque longueur qu'on don-

ne

ne à *EC* & à *EF*, la poſition de cette derniere ſera toûjours la même, puiſqu'elles n'entrent point dans la valeur
de *GI*, qui par-conſéquent ne change point. Si $a = b$, il
eſt clair que la poſition de *EF* doit être ſur *CE* prolongée
du côté de *E*; puiſque $GL = GI$, lorſque les points *C, F*
tombent de part & d'autre de la ligne *AEB*: mais lorſqu'ils tombent du même côté, l'angle *FEG* doit être pris Fig. 42.
égal à l'angle *CEG*.

Exemple X.

58. Le cercle *AEB* étant donné de poſition avec les Fig. 42.
points *C, F* hors de ce cercle; trouver ſur ſa circonférence le point *E* tel que la ſomme des droites *CE, EF* ſoit la
moindre qu'il eſt poſſible.

Suppoſant que le point *E* ſoit celuy que l'on cherche,
& menant par le centre *O* la ligne *OEG*, il eſt clair qu'elle
ſera perpendiculaire ſur la circonférence *AEB*; & partant
* que les angles *FEG, CEG* ſeront égaux entr'eux. Si donc **Art.* 57.
l'on mene *EH* en ſorte que l'angle *EHO* ſoit égal à l'angle *CEO*, & de même *EK* en ſorte que l'angle *EKO* ſoit
égal à l'angle *FEO*, & les paralleles *ED, EL* à *OF, OC*;
on formera les triangles ſemblables *OCE* & *OEH, OFE* &
OEK, HDE & *KLE*; & en nommant les connuës *OE* ou *OA*
ou *OB*, a; *OC*, b; *OF*, c; & les inconnuës *OD* ou *LE*, x;
DE ou *OL*, y; l'on aura $OH = \frac{aa}{b}$, $OK = \frac{aa}{c}$, & *HD*
$\left(x - \frac{aa}{b} \right)$. *DE* (y) :: *KL* $\left(y - \frac{aa}{c} \right)$. *LE* (x). Donc
$xx - \frac{aax}{b} = yy - \frac{aay}{c}$, qui eſt une équation à une hyper-
bole que l'on conſtruira facilement, & qui coupera le
cercle au point cherché *E*.

Exemple XI.

59. Un voyageur partant du lieu *C* pour aller au lieu Fig. 43.
F, doit traverſer deux campagnes ſéparées par la ligne
droite *AEB*. On ſuppoſe qu'il parcourt dans la campagne
du côté de *C* l'eſpace a dans le tems c, & dans l'autre du

G

côté de F l'efpace b dans le même tems c : on demande par quel point E de la droite AEB il doit paſſer, afin qu'il employe le moins de tems qu'il eſt poſſible pour parvenir de C en F. Si l'on fait $a. CE\ (u) :: c. \frac{cu}{a}$. Et $b. EF\ (z) :: c. \frac{cz}{b}$. il eſt clair que $\frac{cu}{a}$ exprime le tems que le voyageur employe à parcourir la droite CE, & de même que $\frac{cz}{b}$ exprime celuy qu'il employe à parcourir EF ; de forte que $\frac{cu}{a} + \frac{cz}{b}$ doit être un *moindre*. D'où il fuit * qu'ayant mené EG perpendiculaire fur la ligne AB ; le finus de l'angle GEC doit être au finus de l'angle GEF, comme a eſt à b.

*Art. 56.

Cela poſé, fi l'on décrit du point cherché E comme centre de l'intervalle EC le cercle CGH, & qu'on mene fur la droite AEB les perpendiculaires CA, HD, FB, & fur CE, EF les perpendiculaires GL, GI ; l'on aura $a. b :: GL. GI$. Or $GL = AE$, & $GI = ED$, parce que les triangles réctangles GEL & ECA, GEI & EHD font égaux & femblables entr'eux, comme il eſt facile à prouver. C'eſt-pourquoy fi l'on nomme l'inconnuë AE, x ; on trouvera $ED = \frac{bx}{a}$: & nommant les connuës AB, f ; AC, g ; BF, h ; les triangles femblables EBF, EDH donneront $EB\ (f-x). BF\ (h) :: ED\ \left(\frac{bx}{a}\right).$ $DH = \frac{bbx}{af-ax}$. Mais à caufe des triangles réctangles EDH, EAC, qui ont leurs hypotenufes EH, EC égales, l'on aura $\overline{ED}^2 + \overline{DH}^2 = \overline{EA}^2 + \overline{AC}^2$, c'eſt-à-dire en termes analytiques, $\frac{bbxx}{aa} + \frac{bbhhxx}{aaff - 2aafx + aaxx} = xx + gg$: De forte que ôtant les fractions, & ordonnant enfuite l'égalité, il viendra

$$aax^4 - 2aafx^3 + aaffxx - 2aafggx + aaffgg = 0.$$
$$\ -bb\ \ \ +2bbf\ \ +aagg$$
$$-bbff$$
$$-bbhh$$

On peut encore trouver cette équation de la maniére qui fuit, fans avoir recours à l'éxemple 9.

Ayant nommé comme auparavant les connuës AB, f; AC, g; BF, h; & l'inconnuë AE, x; on fera a. CE $(\sqrt{gg+xx})::c.\ \dfrac{c\sqrt{gg+xx}}{a}=$ au tems que le voyageur employe à parcourir la droite CE. Et de même b. EF $(\sqrt{ff-2fx+xx+hh})::c.\ \dfrac{c\sqrt{ff-2fx+xx+hh}}{b}=$ au tems que le voyageur employe à parcourir la droite EF. Ce qui fera $\dfrac{c\sqrt{gg+xx}}{a}+\dfrac{c\sqrt{ff-2fx+xx+hh}}{b}=$ à un *moin-*dre; & partant sa différence $\dfrac{cxdx}{a\sqrt{gg+xx}}+\dfrac{cxdx-cfdx}{b\sqrt{ff-2fx+xx+hh}}$ $=0$; d'où l'on tire, en divisant par cdx & en ôtant les incommensurables, la même égalité que ci-devant, dont l'une des racines fournira pour AE la valeur qu'on cherche.

E X E M P L E   XII.

60. Soit une poulie F qui pend librement au bout FIG. 44. d'une corde CF attachée en C, avec un plomb D suspendu par la corde DFB qui passe au dessus de la poulie F, & qui est attachée en B, en sorte que les points C, B sont situés dans la même ligne horizontale CB. On suppose que la poulie & les cordes n'ayent aucune pesanteur; & l'on demande en quel endroit le plomb D ou la poulie F doit s'arrêter.

Il est clair par les principes de la Mécanique que le plomb D descendra le plus bas qu'il luy sera possible, au dessous de l'horizontale CB; d'où il suit que la ligne à plomb DFE doit être un *plus grand*. C'est-pourquoy nommant les données CF, a; DFB, b; CB, c; & l'inconnuë CE, x; l'on aura $EF=\sqrt{aa-xx}$, $FB=\sqrt{aa+cc-2cx}$, & $DFE=b-\sqrt{aa+cc-2cx}+\sqrt{aa-xx}$ qui doit être un *plus grand*; & partant sa différence $\dfrac{cdx}{\sqrt{aa+cc-2cx}}-\dfrac{xdx}{\sqrt{aa-xx}}$ $=0$, d'où l'on tire $2cx^3-2ccxx-aaxx+aacc=0$, &

G ij

diviſant par $x - c$, il vient $2cxx - aax - aac = 0$, dont l'une des racines fournit pour CE une valeur telle que la perpendiculaire ED paſſe par la poulie F & le plomb D lorſqu'ils ſont en repos.

On pourroit encore réſoudre cette queſtion d'une autre maniére que voicy.

Nommant EF, y ; BF, z ; l'on aura $b - z + y =$ à un *plus grand*; & partant $dy = dz$. Or il eſt clair que la poulie F décrit le cercle CFA autour du point C comme centre ; & partant ſi du point f pris infiniment prés de F, l'on mene fR parallele à CB, & fS perpendiculaire ſur BF, l'on aura $FR = dy$, & $FS = dz$. Elles ſeront donc égales entr'elles ; & par-conſéquent les petits triangles réctangles FRf, FSf, qui ont de plus l'hypotenuſe Ff commune, ſeront égaux & ſemblables ; d'où l'on voit que l'angle RFf eſt égal à l'angle SFf, c'eſt-à-dire que le point F doit être tellement ſitué dans la circonférence FA, que les angles faits par les droites EF, FB ſur les tangentes en F ſoient égaux entr'eux: ou bien (ce qui revient au même) que les angles BFC, DFC ſoient égaux.

Cela poſé, ſi l'on mene FH, enſorte que l'angle FHC ſoit égal à l'angle CFB ou CFD; les triangles CBF, CFH ſeront ſemblables ; comme auſſi les triangles réctangles ECF, EFH, puiſque l'angle CFE eſt égal à l'angle FHE, étant l'un & l'autre le complément à deux droits, des angles égaux FHC, CFD ; & par-conſéquent on aura $CH = \frac{aa}{c}$, & $HE \left(x - \frac{aa}{c} \right)$.

EF (y) :: EF (y). EC (x). Donc $xx - \frac{aax}{c} = yy = aa - xx$ par la proprieté du cercle, d'où l'on tire la même égalité que ci-devant.

E x e m p l e XIII.

61. L'e'le'v a t i o n du pole étant donnée, trouver le jour du plus petit crépuſcule.

Soit C le centre de la ſphére ; $APTOBHQ$ le méridien ; $HDdO$ l'horizon ; $QEeT$ le cercle crépuſculaire parallele à l'horizon ; *AMNB* l'équateur ; *FEDG* la portion du parallale à l'équateur, que décrit le Soleil le jour du plus petit crépufcule, renfermée entre les plans de l'horizon & du cercle crépufculaire ; *P* le pole auftral ; *PEM, PDN* des quarts de cercles de déclinaifon. L'arc HQ ou QT du méridien compris entre l'horizon & le cercle crépufculaire, & l'arc *OP* de l'élévation du pole font donnés ; & par-conféquent leurs finus droits *CI* ou *FL* ou QX, & *OV*. L'on cherche le finus *CK* de l'arc *EM* ou *DN* de la déclinaifon du Soleil lorfqu'il décrit le parallele *ED*.

S'imaginant une autre portion *fedg* d'un parallele à l'équateur, infiniment proche de *FEDG*, avec les quarts de cercles *Pem, Pdn* ; il eft clair que le temps que le Soleil employe à parcourir l'arc *ED*, devant être un *moindre*, la différence de l'arc *MN* qui en eft la mefure, & qui devient *mn* lorfque *ED* devient *ed*, doit être nulle ; d'où il fuit que les petits arcs *Mm, Nn*, & par-conféquent le petits arcs *Re, Sd* feront égaux entr'eux. Or les arcs *RE, SD* étant renfermés entre les mêmes paralleles *ED, ed*, font auffi égaux, & les angles en *S* & en *R* font droits. Donc les petits triangles réctangles *ERe, DSd* (que l'on confidére comme réctilignes * à caufe de l'infinie petiteffe de leurs **Art. 3.* côtés, feront égaux & femblables ; & par-conféquent les hypotenufes *Ee, Dd* feront auffi égales entr'elles.

Cela pofé, les droites *DG, EF, dg, ef* communes fections des plans *FEDG, fedg* paralleles à l'équateur, avec l'horizon & le cercle crépufculaire, feront perpendiculaires fur les diametres *HO*, QT, puifque les plans de tous ces cercles font perpendiculaires chacun fur le plan du méridien ; & les petites droites *Gg, Ff* feront égales entr'elles, puifque les droites *FG, fg* font paralleles. Donc $\sqrt{\overline{Dd}^2 - \overline{Gg}^2}$ ou $DG - dg = \sqrt{\overline{Ee}^2 - \overline{Ff}^2}$ ou *fe — FE*. Or il eft clair par ce que l'on a démontré dans l'article 50. que fi l'on mene à difcrétion dans un demi-cercle deux appliquées infiniment proches, le petit arc qu'elles renferment, fera à leur différence, comme le rayon est à la coupée depuis le centre; ce qui donne ici (à cause des cercles HDO, QET) CQ. CG :: Dd ou Ee. $DG - dg$ ou $fe - FE$ :: IQ. IF :: $CO + IQ$ ou OX. $CG + IF$ ou GL. Mais à cause des triangles réctangles semblables CVO, CKG, FLG, l'on aura CO. CG :: OV. GK. Et GK. GL :: CK. FL ou QX. Donc OV. CK :: OX. XQ :: XQ. XH par la propriété du cercle : c'est-à-dire que si l'on prend QX pour le rayon ou sinus total dans le triangle réctangle QXH, dont l'angle HQX est de 9 degrés, parce que les Astronomes font l'arc HQ de 18 degrés, l'on aura comme le sinus total est à la tangente de 9 degrés, de même le sinus de l'élévation du pole est au sinus de la déclinaison australe du Soleil dans le temps du plus petit crépuscule. D'où il suit que si l'on ôte 0.8002875 du logarithme du sinus de l'élévation du pole; le reste sera le logarithme du sinus cherché. Ce qu'il falloit trouver.

SECTION IV.

Usage du calcul des différences pour trouver les points d'infléxion & de rebrouſſement.

COMME l'on ſe ſervira dans la ſuite des différences ſecondes, troiſiémes, &c. il eſt néceſſaire d'en donner une idée avant que d'aller plus loin.

DÉFINITION I.

La portion infiniment petite dont la différence d'une quantité variable augmente ou diminuë continüellement, eſt appellée la *différence de la différence* de cette quantité, ou bien ſa *différence ſeconde*. Ainſi ſi l'on imagine une troiſiéme appliquée *nq* infiniment proche de la ſeconde Fig. 46. *mp*, & qu'on mene *mS* parallele à *AB*, & *mH* parallele à *RS*; on appellera *Hn* la *différence de la différence Rm*, ou bien la *différence ſeconde* de *PM*.

De méme ſi l'on imagine une quatriéme appliquée *of* infiniment proche de la troiſiéme *nq*; & qu'on mene *nT* parallele à *AB*, & *nL* parallele à *ST*; on appellera la différence des petites droites *Hn, Lo*, la *différence de la différence ſeconde*, ou bien la *différence troiſiéme* de *PM*. Et ainſi des autres.

AVERTISSEMENT.

On marquera dans la ſuite chaque différence par un nombre de d qui en exprime l'ordre ou le genre. Par éxemple, on marquera par dd *la différence ſeconde ou du ſecond genre; par* ddd, *la différence troiſiéme ou du troiſiéme genre; par* dddd, *la différence quatriéme ou du quatriéme genre; & de même des autres. Ainſi* ddy *exprimera* Hn; dddy, Lo—Hn; &c.*

Quant aux puiſſances de ces différences, on les marquera par des chiffres poſtérieurs mis au deſſus, comme l'on fait ordinairement celles des grandeurs entiéres. Par éxemple, le quarré, ou le cube de dy *ſera* dy^2, *ou* dy^3; *le quarré, on le cube de* ddy *ſera* ddy^2, *ou*

ddy³; *celuy de* dddy *sera* dddy², *ou* dddy³; *celuy de* ddddy
sera ddddy², *ou* ddddy³, &c.

COROLLAIRE I.

62. S I l'on nomme chacune des coupées *AP, Ap, Aq, Af,*
x ; chacune des appliquées *PM, pm, qn, fo, y* ; & chacune
des portions courbes *AM, Am, An, Ao, u* ; il est clair que *dx*
exprimera les différences *Pp, pq, qf* des coupées ; *dy* les différences *Rm, Sn, To* des appliquées ; & *du* les différences
Mm, mn, no des portions de la courbe *AMD.* Or afin de
prendre, par exemple, la différence seconde *Hn* de la variable *PM*, il faut imaginer sur l'axe deux petites parties
Pp, pq, & sur la courbe deux autres *Mm, mn* pour avoir les
deux différences *Rm, Sn* ; & partant si l'on suppose que les
petites parties *Pp, pq* soient égales entr'elles, il est clair que
dx sera constante par rapport à *dy* & à *du,* puisque *Pp*
qui devient *pq* demeure la même pendant que *Rm* qui devient *Sn,* & *Mm* qui devient *mn,* varient. On pourroit supposer que les petites parties de la courbe *Mm, mn* seroient
égales entr'elles, & alors *du* seroit constante par rapport à
dx & à *dy* ; & enfin si l'on supposoit que *Rm* & *Sn* fussent
égales, *dy* seroit constante par rapport à *dx* & à *du,* & sa
différence *Hn (ddy)* seroit nulle.

De même pour prendre la différence troisiéme de *PM,*
ou la différence de la différence seconde *Hn,* il faut imaginer sur l'axe trois petites parties *Pp, pq, qf* ; sur la courbe
trois autres *Mm, mn, no* ; & sur les appliquées aussi trois autres *Rm, Sn, To* ; & alors on aura *dx* ou *du* ou *dy* pour constante, selon qu'on supposera que les petites parties *Pp, pq,*
qf, ou *Mm, mn, no,* ou *Rm, Sn, To* sont égales entr'elles. Il en
est de même des différences quatriémes, cinquiémes, &c.

FIG. 47.   Tout ceci se doit aussi entendre des courbes *AMD,* dont
les appliquées *BM, Bm, Bn* partent toutes d'un point fixe *B* ;
car pour avoir, par exemple, la différence seconde de *BM,*
il faut imaginer deux autres appliquées *Bm, Bn* qui fassent
des angles *MBm, mBn* infiniment petits, & ayant décrit du
centre *B* les petits arcs de cercle *MR, mS* ; la différence
des

des petites droites *Rm*, *Sn*, fera la différence féconde de *BM*; & l'on pourra prendre pour conftants les petits arcs *MR*, *mS*, ou les petites portions de la courbe *Mm*, *mn*, ou enfin les petites droites *Rm*, *Sn*. Il en va de même pour les différences troifiémes, quatriémes, &c. de l'appliquée *BM*.

REMARQUE.

63. ON doit bien remarquer, 1°. Qu'il y a différens ordres d'infiniment petits : que *Rm*, par éxemple, eft infiniment petite par rapport à *PM*, & infiniment grande par rapport à *Hn*; de même que l'efpace *MPpm* eft infiniment petit par rapport à l'efpace *APM*, & infiniment grand par rapport au triangle *MRm*.

2°. Que la différence entiére *Pf* eft encore infiniment petite par rapport à *AP*; parce que toute quantité qui eft la fomme d'un nombre fini de quantités infiniment petites telles que *Pp*, *pq*, *qf* par rapport à une autre *AP*, demeure toûjours infiniment petite par rapport à cette même quantité : & qu'afin qu'elle devienne du même ordre, il faut que le nombre des quantités de l'ordre inférieur qui la compofe, foit infini.

COROLLAIRE II.

64. ON peut marquer en cette forte les différences fecondes dans toutes les fuppofitions poffibles.

1°. Dans les courbes où les appliquées *mR*, *nS* font paralleles entr'elles, on prolongera la petite droite *Mm* en *H* où elle rencontre l'appliquée *Sn*; & ayant décrit du centre *m*, de l'intervalle *mn*, l'arc *nk*, on tirera les petites droites *nl*, *li*, *kcg* paralleles à *mS* & à *Sn*. Cela pofé, fi l'on veut que *dx* foit conftante, c'eft-à-dire que *MR* foit égale à *mS*; il eft clair que le triangle *mSH* eft femblable & égal au triangle *MRm*, & qu'ainfi *Hn* eft *ddy*, c'eft-à-dire la différence de *Rm* & *Sn*, & *Hk* = *ddu*. Mais fi l'on fuppofe que *du* foit conftante, c'eft-à-dire que *Mm* = *mn* ou à *mk*; il eft évident alors que le triangle *mgk* eft femblable & égal au triangle *MRm*, & qu'ainfi *kc* = *ddy*, &

Fig. 46.

Fig. 48. 94.

H

Sg ou $cn = ddx$. Enfin si l'on prend dy pour conftante, c'eft-à-dire $mR = nS$; il s'enfuit que le triangle mil eft égal & femblable au triangle MRm, & qu'ainfi iS ou $nl = ddx$, & $lk = ddu$.

FIG. 50. 51.

2°. Dans les courbes dont les appliquées BM, Bm, Bn, partent d'un même point B, l'on décrira du centre B les arcs MR, mS, que l'on regardera * comme de petites droites perpendiculaires fur Bm, Bn; & ayant prolongé Mm en E, & décrit du centre m, de l'intervalle mn, le petit arc nkE, on fera l'angle $EmH = mBn$, & l'on tirera les petites droites nl, li, kcg paralleles à mS & à Sn. Cela pofe, à caufe du triangle BSm réctangle en S, l'angle $BmS + mBn$, ou $+ EmH$ vaut un droit; & partant l'angle BmE vaut un droit $+ SmH$; il vaut auffi le droit $MRm + RMm$, puifqu'il eft externe au triangle RMm. Donc l'angle $SmH = RMm$.

* Art. 3.

Il fuit de ceci, 1°. Que fi l'on veut que dx foit conftante, c'eft-à-dire que les petits arcs MR, mS foient égaux entr'eux, le triangle SmH fera femblable & égal au triangle RMm; & qu'ainfi $Hn = ddy$, & $Hk = ddu$. 2°. Que fi l'on prend du pour conftante, le triangle gmk fera femblable & égal au triangle RMm; & qu'ainfi kc exprimera ddy, & Sg ou cn, ddx. Enfin, 3°. Que fi l'on prend dy pour conftante, les triangles iml, RMm feront égaux & femblables; & qu'ainfi iS ou $ln = ddx$, & $lk = ddu$.

PROPOSITION I.

Problême.

65. PRENDRE *la différence d'une quantité composée de différences quelconques.*

On prendra pour conftante la différence que l'on voudra, & traittant les autres comme des quantités variables, on fe fervira des regles prefcrites dans la Section premiere.

La différence de $\frac{ydy}{dx}$, en prenant dx pour conftante, fera $\frac{dy^2 + yddy}{dx}$, & $\frac{dxdy^2 - ydyddx}{dx^2}$ en prenant dy pour conftante.

Celle de $\frac{z\sqrt{dx^2 + dy^2}}{dx}$, en prenant dx pour constante, sera $dz\sqrt{dx^2 + dy^2} + \frac{z\,dy\,ddy}{\sqrt{dx^2 + dy^2}}$, le tout divisé par dx, c'est-à-dire $\frac{dz\,dx^2 + dz\,dy^2 + z\,dy\,ddy}{dx\sqrt{dx^2 + dy^2}}$; & en prenant dy pour constante, elle sera $dz\,dx\sqrt{dx^2 + dy^2} + \frac{z\,dx^2\,ddx}{\sqrt{dx^2 + dy^2}} - z\,ddx\sqrt{dx^2 + dy^2}$, le tout divisé par dx^2, c'est-à-dire $\frac{dz\,dx^3 + dz\,dx\,dy^2 - z\,dy^2\,ddx}{dx^2\sqrt{dx^2 + dy^2}}$.

La différence de $\frac{y\,dy}{\sqrt{dx^2 + dy^2}}$, en prenant dx pour constante, sera $dy^2 + y\,ddy\sqrt{dx^2 + dy^2} - \frac{y\,dy^2\,ddy}{\sqrt{dx^2 + dy^2}}$, le tout divisé par $dx^2 + dy^2$, c'est-à-dire $\frac{dx^2\,dy^2 + dy^4 + y\,dx^2\,ddy}{dx^2 + dy^2\sqrt{dx^2 + dy^2}}$; & en prenant dy pour constante, elle sera $\frac{dx^2\,dy^2 + dy^4 - y\,dy\,dx\,ddx}{dx^2 + dy^2\sqrt{dx^2 + dy^2}}$.

La différence de $\frac{dx^2 + dy^2\sqrt{dx^2 + dy^2}}{-dx\,ddy}$ ou $\frac{\overline{dx^2 + dy^2}^{\frac{3}{2}}}{-dx\,ddy}$, en prenant dx pour constante, sera $\frac{-3\,dx\,dy\,ddy^2\,\overline{dx^2 + dy^2}^{\frac{1}{2}} + dx\,dddy\,\overline{dx^2 + dy^2}^{\frac{3}{2}}}{dx^2\,ddy^2}$.

Mais il faut observer que dans ce dernier cas il n'est pas libre de prendre dy pour constante, car dans cette supposition sa différence ddy seroit nulle; & par-conséquent elle ne devroit pas se rencontrer dans la quantité proposée.

DÉFINITION II.

Lors qu'une ligne courbe *AFK* est en partie concave & en partie convexe vers une ligne droite *AB* ou vers un point fixe *B*; le point *F* qui sépare la partie concave de la convexe, & qui par-conséquent est la fin de l'une & le commencement de l'autre, est appellé point d'*inflexion*, lorsque la courbe étant parvenuë en *F* continuë son chemin vers le même côté : & point de *rebrouffement* lorsqu'elle rebrousse chemin du côté de son origine.

PROPOSITION II.

Problême général.

66. La nature de la ligne courbe AFK *étant donnée, dé-terminer le point d'infléxion ou de rebrouſſement* F.

FIG. 52. 53.

Suppoſons en premier lieu que la ligne courbe *AFK* ait pour diametre une ligne droite *AB*, & que ſes appliquées *PM,EF*, &c. ſoient toutes paralleles entr'elles. Si l'on mene par le point *F*, l'appliquée *FE* avec la tangente *FL*; & par un point quelconque *M* de la partie *AF*, une appliquée *MP* avec une tangente *MT*, il eſt clair,

1°. Dans les courbes qui ont un point d'infléxion, que la coupée *AP* croiſſant continüellement, la partie *AT* du diametre, interceptée entre l'origine des *x* & la rencontre de la tangente, croît auſſi juſqu'à ce que le point *P* tombe en *E*; aprés-quoi elle va en diminüant; d'où l'on voit que *AT* étant appliquée en *P*, doit devenir un *plus grand AL* lorſque le point *P* tombe ſur le point cherché *E*.

2°. Dans celles qui ont un point de rebrouſſement, que la partie *AT* croiſſant continüellement, la coupée *AP* croît auſſi juſqu'à ce que le point *T* tombe en *L*, aprés-quoi elle va en diminüant; d'où l'on voit que *AP* étant appliquée en *T* doit devenir un *plus grand AE* lorſque le point *T* tombe en *L*.

Or ſi l'on nomme AE, x; EF, y; l'on aura $AL = \frac{y\,dx}{dy} - x$, dont la différence, qui eſt $\frac{dy^2\,dx - y\,dx\,ddy}{dy^2} - dx$ (en ſuppo-ſant dx conſtante), étant diviſée par dx différence de AE,

Art. 47.   doit être * nulle ou infinie; ce qui donne $-\frac{y\,ddy}{dy^2} = o$ ou à l'infini : de ſorte que multipliant par dy^2, & diviſant par $-y$, il vient $ddy = o$ ou à l'infini; ce qui ſervira dans la ſuite de formule générale pour trouver le point d'infléxion ou de rebrouſſement *F*. Car la nature de la courbe *AFK* étant donnée, l'on aura une valeur de dy en dx; & prenant la différence de cette valeur, en ſuppoſant dx

conſtante, on trouvera une valeur de *ddy* en *dx²*, laquelle
étant égalée d'abord à zero, & enſuite à l'infini, ſervira
dans l'une ou l'autre de ces ſuppoſitions à trouver pour
AE une valeur telle que l'appliquée *EF* aille couper la
courbe *AFK* au point d'infléxion ou de rebrouſſement *F*.

L'origine *A* des *x* peut être tellement ſitué que *AL*
$= x - \frac{ydx}{dy}$, au lieu de $\frac{ydx}{dy} - x$, & que *AL* ou *AE* ſoit
un moindre au lieu d'être un *plus grand* : mais comme la
conſéquence eſt toûjours la même, & que cela ne peut
faire aucune difficulté, je ne m'y arrêterai-pas.

La même choſe ſe peut encore trouver de cette autre maniére. Il eſt clair qu'en prenant *dx* pour conſtante, & ſuppoſant que l'appliquée *y* augmente, *Sn* eſt moindre que *SH* ou
que *Rm* dans la partie concave, & plus grande dans la convexe. D'où l'on voit que la valeur de *Hn (ddy)* doit devenir de
poſitive négative ſous le point d'infléxion ou de rebrouſſement *F* ; & partant *qu'elle y doit être ou nulle ou infinie.

Suppoſons en ſecond lieu que la courbe *AFK* ait pour
appliquées les droites *BM, BF, BM*, qui partent toutes d'un
même point *B*. Si l'on mene telle appliquée *BM* qu'on
voudra, avec une tangente *MT* qui rencontre *BT* perpendiculaire à *BM* au point *T* ; & qu'ayant pris le point *m* infiniment prés de *M*, l'on tire l'appliquée *Bm*, la tangente *mt*,
& la perpendiculaire *Bt* ſur *Bm*, qui rencontre *MT* en *O* ; il
eſt viſible (en ſuppoſant que l'appliquée *BM*, qui devient
Bm, augmente) que dans la partie concave, *Bt* ſurpaſſe *BO*,
& qu'au contraire elle eſt moindre dans la partie convexe ; de ſorte que ſous le point d'infléxion ou de rebrouſſement *F*, la valeur de *Ot* doit devenir de poſitive négative.

Cela poſé, ſi l'on décrit du centre *B* les petits arcs de
cercle *MR, TH*, on formera les triangles ſemblables *mRM*,
MBT, THO, & les petits ſecteurs ſemblables *BMR, BTH*.
Nommant donc *BM, y ; MR, dx* ; l'on aura *mR (dy). RM*
$(dx) :: BM (y). BT = \frac{ydx}{dy} :: MR (dx). TH = \frac{dx²}{dy} :: TH$
$(\frac{dx²}{dy}). HO = \frac{dx³}{dy²}$. Or ſi l'on prend la différence de *BT*

H iij

Fig. 48. 49.

* *Art.* 47.

Fig. 54. 55.

Fig. 56. 57.

Fig. 56.

$\left(\dfrac{y\,dx}{dy}\right)$ en supposant dx constante, il vient $Bt - BT$ ou Ht

$= \dfrac{dx\,dy^2 - y\,dx\,ddy}{dy^2}$; & partant $OH + Ht$ ou $Ot = \dfrac{dx^3 + dx\,dy^2 - y\,dx\,ddy}{dy^2}$.

D'où il suit en multipliant par dy^2, & divisant par dx, que la valeur de $dx^2 + dy^2 - y\,ddy$ sera nulle ou infinie sous le point d'infléxion ou de rebrouffement F. Or la nature de la ligne AFK étant donnée, l'on aura des valeurs de dy en dx, & de ddy en dx^2, lesquelles étant substituées dans $dx^2 + dy^2 - y\,ddy$, formeront une quantité, qui étant égalée d'abord à zero, & enfuite à l'infini, servira à trouver pour BF une valeur telle que décrivant du centre B, & de ce rayon un cercle, il coupera la courbe AFK au point d'infléxion ou de rebrouffement F. Ce qui étoit propofé.

Pour trouver encore la même chofe d'une autre maniére, il faut confidérer que dans la partie concave l'angle BmE furpaffe l'angle Bmn, & qu'au contraire dans la convexe il eft moindre ; & partant que l'angle $BmE - Bmn$ ou Emn, c'eft-à-dire l'arc En qui en eft la mefure, devient de pofitif négatif fous le point cherché F. Or prenant dx pour conftante, les triangles réctangles femblables HmS, Hnk, donneront $Hm\,(du)\,.\,mS\,(dx) :: Hn\,(-ddy)\,.\,nk = -\dfrac{dx\,ddy}{du}$. ou l'on doit obferver que la valeur de Hn eft négative, parce que $Bm\,(y)$ croiffant, $Rm\,(dy)$ diminuë. Mais à caufe des fécteurs femblables BmS, mEk, l'on aura $Bm\,(y)\,.\,mS\,(dx) :: mE\,(du)\,.\,Ek = \dfrac{dx\,du}{y}$, & partant $Ek + kn$ ou $En = \dfrac{dx\,du^2 - y\,dx\,ddy}{y\,du}$. D'où il suit en multipliant par $y\,du$, & divisant par dx, que $du^2 - y\,ddy$ ou $dx^2 + dy^2 - y\,ddy$ doit devenir de pofitive, négative fous le point cherché F.

Si l'on fuppofe que y devienne infinie, les termes dx^2 & dy^2 feront nuls par rapport au terme $y\,ddy$; & par-conféquent la formule $dx^2 + dy^2 - y\,ddy = o$ ou à l'infini, fe changera en cette autre $- y\,ddy = o$ ou à l'infini, c'eft-à-dire en divifant par $-y$, $ddy = o$ ou à l'infini, qui eft la formule du premier cas. Ce qui doit auffi arriver, puifque

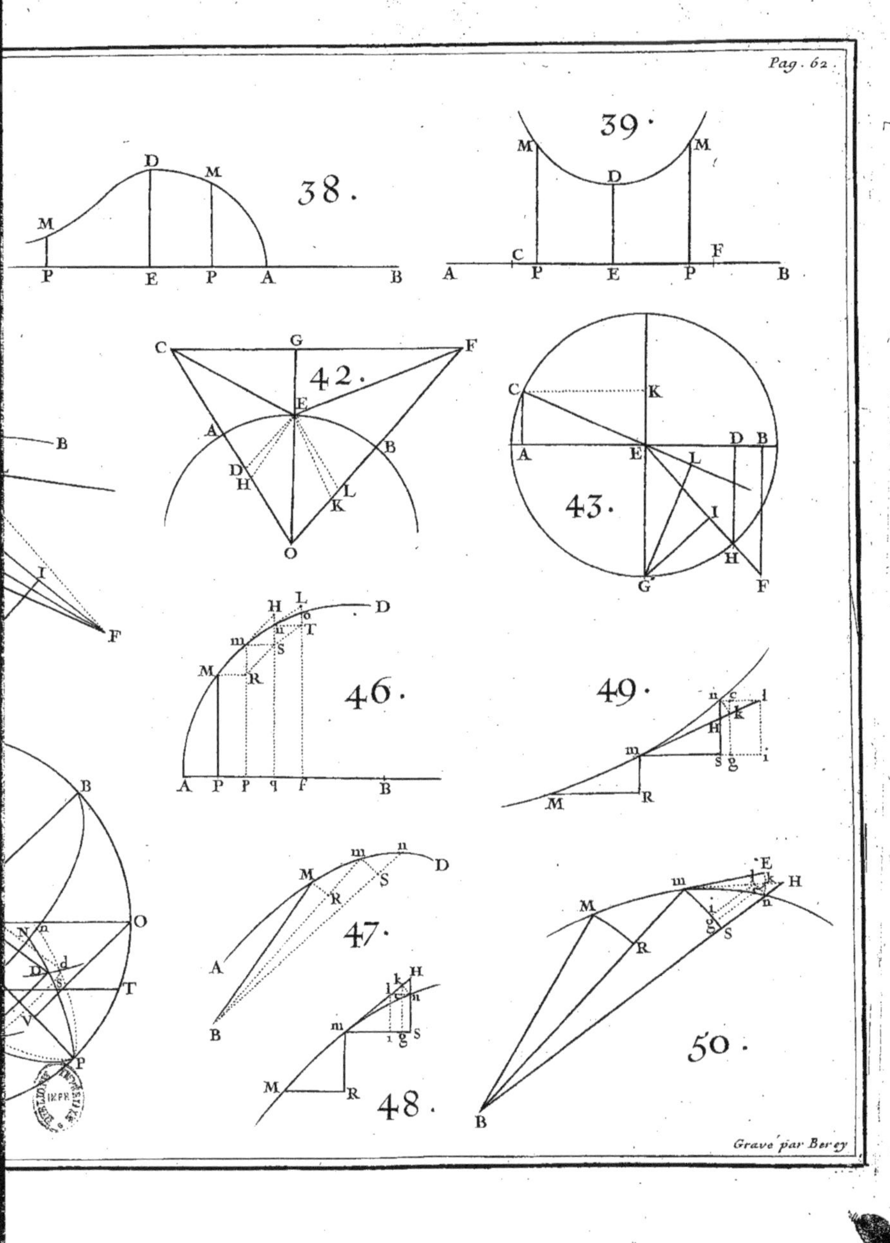
38.
39.
42.
43.
46.
47.
48.
49.
50.

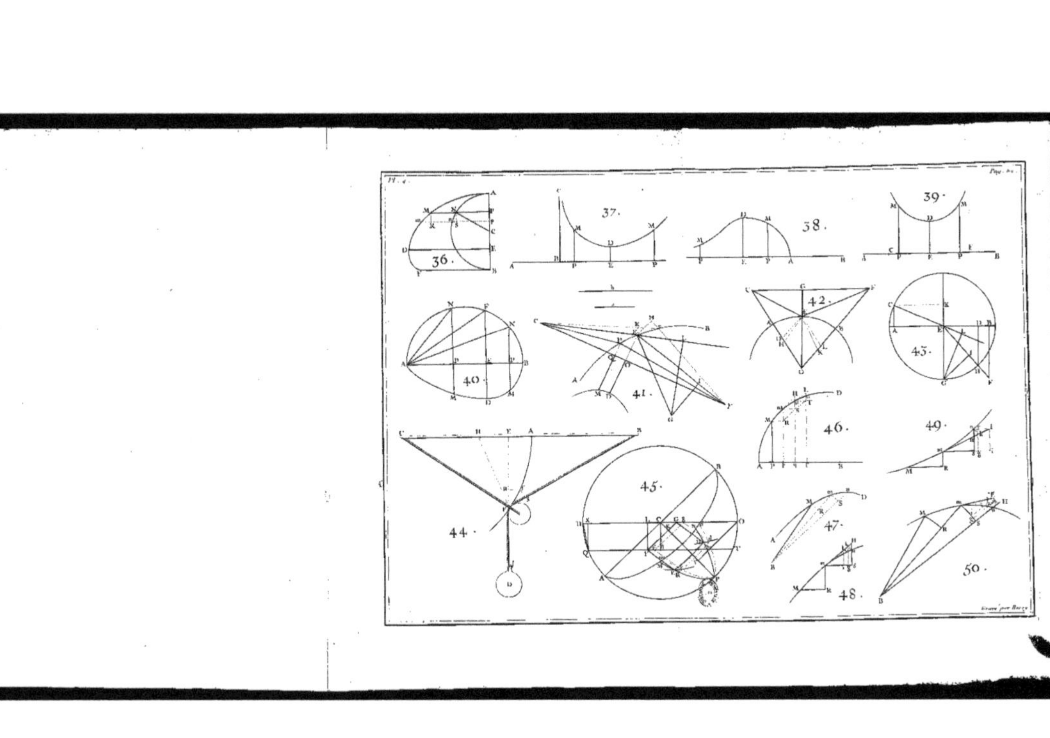
Pl. 4
36.
37.
38.
39.
40.
41.
42.
43.
44.
45.
46.
47.
48.
49.
50.

les appliquées *BM, BF, BM* deviennent alors paralleles.

COROLLAIRE.

67. Lorsque $ddy = o$, il eft clair que la différence   Fig. 52.
de *AL* doit être nulle par rapport à celle de *AE* ; & partant que les deux tangentes infiniment proches *FL, fL* doivent tomber l'une fur l'autre en ne faifant qu'une feule ligne droite *fFL*. Mais lorfque $ddy = $ à l'infini, la différen-   Fig. 55.
ce de *AL* doit être infiniment grande par rapport à celle
de *AE*, ou (ce qui eft la même chofe) la différence de
AE eft infiniment petite par rapport à celle *AL* ; & par-
conféquent l'on peut mener par le même point *F* deux
tangentes *FL, Fl* qui faffent entr'elles un angle infiniment
petit *LFl*.

De même lorfque $dx^2 + dy^2 - yddy = o$, il eft vifible que   Fig. 56. 57.
Ot doit devenir nulle par rapport à *MR* ; & qu'ainfi les deux
tangentes infiniment proches *MT, mt* doivent tomber l'une
fur l'autre, lorfque le point *M* devient un point d'infléxion
ou de rebrouffement : mais au contraire lorfque $dx^2 + dy^2$
$- yddy = $ à l'infini, *Ot* doit être infinie par rapport à *MR*,
ou (ce qui eft la même chofe) *MR* infiniment petite par
rapport à *Ot* ; & par-conféquent le point *m* doit tomber
fur le point *M*, c'eft-à-dire qu'on peut mener par le même
point *M* deux tangentes qui faffent entr'elles un angle infiniment petit, lorfque ce point devient un point d'infléxion ou de rebrouffement.

Il eft évident que la tangente au point d'infléxion ou
de rebrouffement *F*, étant prolongée, touche & coupe la
courbe *AFK* dans ce même point.

EXEMPLE I.

68. Soit une ligne courbe *AFK* qui ait pour diame-   Fig. 58.
tre la ligne droite *AB*, & qui foit telle que la relation de
la coupée *AE (x)* à l'appliquée *EF (y)*, foit exprimée
par l'équation $axx = xxy + aay$. Il s'agit de trouver pour
AE une valeur telle que l'appliquée *EF* rencontre la courbe *AFK* au point d'infléxion *F*.

L'équation à la courbe est $y = \dfrac{axx}{xx + aa}$; & partant $dy = \dfrac{2a^3x\,dx}{\overline{xx + aa}^2}$, & prenant la différence de cette quantité en supposant dx constante, & l'égalant ensuite à zero, on trouve $\dfrac{2a^3dx^2 \times \overline{xx + aa}^2 - 8a^3xx\,dx^2 \times \overline{xx + aa}}{\overline{xx + aa}^4} = 0$; ce qui multiplié par $\overline{xx + aa}^4$, & divisé par $2a^3dx^2 \times \overline{xx + aa}$, donne $xx + aa - 4xx = 0$, d'où l'on tire $AE\ (x) = a\sqrt{\tfrac{1}{3}}$.

Si l'on met à la place de xx sa valeur $\frac{1}{3}aa$ dans l'équation à la courbe $y = \dfrac{axx}{xx + aa}$, on trouve $EF\ (y) = \frac{1}{4}a$; de sorte qu'on peut déterminer le point d'infléxion F sans supposer que la courbe AFK soit décrite.

Si l'on mene AC parallele aux appliquées EF, & égale à la droite donnée a, & qu'on tire CG parallele à AB, elle sera asymptote de la courbe AFK. Car si l'on suppose x infinie, on pourra prendre xx pour $xx + aa$; & partant l'équation à la courbe $y = \dfrac{axx}{xx + aa}$ se changera en celle-ci $y = a$.

E X E M P L E   I I.

69. Soit $y - a = \overline{x - a}^{\frac{3}{5}}$. Donc $dy = \frac{3}{5}\overline{x - a}^{-\frac{2}{5}}dx$, & $ddy = -\frac{6}{25}\overline{x - a}^{-\frac{7}{5}}dx^2 = \dfrac{-6dx^2}{25\sqrt[5]{\overline{x - a}^7}}$, en prenant dx pour constante. Or si l'on suppose cette fraction égale à zero, on trouve $-6dx^2 = 0$; ce qui ne faisant rien connoître : il la faut supposer infiniment grande ; & par-conséquent son dénominateur $25\sqrt[5]{\overline{x - a}^7}$ infiniment petit ou zero. D'où l'inconnuë $AE\ (x) = a$.

E X E M P L E   I I I.

70. Soit une demi-roulette allongée AFK dont la base BK surpasse la demi-circonférence ADB du cercle générateur qui a pour centre le point C. Il s'agit de déterminer
sur

fur le diametre AB le point E, en forte que l'appliquée EF aille rencontrer la roulette au point d'infléxion F.

Ayant nommé les connuës ADB, a; BK, b; AB, $2c$; & les inconnuës AE, x; ED, z; l'arc AD, u; EF, y; l'on aura par la proprieté de la roulette $y = z + \frac{bu}{a}$; & partant $dy = dz + \frac{bdu}{a}$. Or par la proprieté du cercle l'on aura

$$z = \sqrt{2cx - xx}, \quad dz = \frac{cdx - xdx}{\sqrt{2cx - xx}}, \quad \& \ du \ (\sqrt{dx^2 + dz^2}) = \frac{cdx}{\sqrt{2cx - xx}}.$$

Donc mettant pour dz & du leurs valeurs, on trouve $dy = \frac{acdx - axdx + bcdx}{a\sqrt{2cx - xx}}$, dont la différence (en prenant dx pour conftante) donne $\frac{\overline{bcx - acc - bcc} \times dx^2}{2cx - xx \times \sqrt{2cx - xx}} = 0$; d'où l'on tire AE $(x) = c + \frac{ac}{b}$, & $CE = \frac{ac}{b}$.

Il eft clair qu'afin qu'il y ait un point d'infléxion F, il faut que b furpaffe a; car s'il étoit moindre, CE furpafferoit CB.

<h3 style="text-align:center">Exemple IV.</h3>

71. On demande le point d'infléxion F de la Conchoïde AFK de *Nicomede*, laquelle a pour pole le point P, & pour afymptote la droite BC. Sa proprieté eft telle, qu'ayant mené du pole P à un de fes points quelconques F la droite PF, qui rencontre l'afymptote BC en D; la partie DF eft toûjours égale à une même droite donnée a. Fig. 60.

Ayant mené PA perpendiculaire, & FE parallele à BC, on nommera les connuës AB ou FD, a; BP, b; & les inconnuës BE, x; EF, y; & tirant DL parallele à BA, les triangles femblables DLF, PEF donneront DL (x). LF $(\sqrt{aa - xx})$ :: PE $(b + x)$. EF $(y) = \frac{b + x\sqrt{aa - xx}}{x}$. dont la différence eft $dy = \frac{x^3 dx + aabdx}{xx\sqrt{aa - xx}}$. Si donc on prend la différence de cette quantité, & qu'on l'égale à zero, on formera l'égalité $\frac{2a^4b - aax^3 - 3aabxx \times dx^2}{aax^3 - x^5 \times \sqrt{aa - xx}} = 0$,

I

qui se réduit à $x^3 + 3bxx - 2aab = o$, dont l'une des racines fournit pour BE la valeur cherchée.

Si $a = b$, l'équation précédente se changera en cette autre $x^3 + 3axx - 2a^3 = o$, laquelle étant divisée par $x + a$, donne $xx + 2ax - 2aa = o$; & partant BE $(x) = -a + \sqrt{3aa}$.

Autrement.

Art. 66.   En prenant pour appliquées les lignes PF qui partent du pole P, & en se servant de la formule * $yddy = dx^2 + dy^2$, dans laquelle dx a été supposée constante. Ayant imaginé une autre appliquée Pf qui fasse avec PF l'angle FPf infiniment petit, & décrit du centre P les petits arcs FG, DH, on nommera les connuës AB, a; BP, b; & les inconnuës PF, y; PD, z; & l'on aura par la propriété de la conchoïde $y = z + a$; ce qui donne $dy = dz$. Or à cause du triangle rectangle DBP, $DB = \sqrt{zz - bb}$; & à cause des triangles semblables DBP & dHD, PDH & PFG, l'on aura DB $(\sqrt{zz - bb})$. BP (b) :: dH (dz). $HD = \dfrac{bdz}{\sqrt{zz - bb}}$. Et PD (z). PF $(z + a)$ :: HD $\left(\dfrac{bdz}{\sqrt{zz - bb}} \right)$. FG $(dx) = \dfrac{bzdz + abdz}{z\sqrt{zz - bb}}$. D'où l'on tire dz ou $dy = \dfrac{zdx\sqrt{zz - bb}}{bz + ab}$, dont la différence est (en supposant dx constante) $ddy = \dfrac{\overline{bz^3 + 2abzz - ab^3} \times dzdx}{\overline{bz + ab}^2 \sqrt{zz - bb}} = \dfrac{\overline{bz^4 + 2abz^3 - ab^3z} \times dx^2}{\overline{bz + ab}^3}$ en mettant pour dz sa valeur. Donc si l'on substituë dans

Art. 66.   la formule générale * $yddy = dx^2 + dy^2$ à la place de y sa valeur $z + a$, & de dy & ddy les valeurs que l'on vient de trouver en dx & dx^2; on formera cette équation $\dfrac{\overline{z^4 + 2az^3 - abbz} \times dx^2}{\overline{bz + ab}^2} = \dfrac{\overline{z^4 + 2abbz + aabb} \times dx^2}{\overline{bz + ab}^2}$ qui se réduit à $2z^3 - 3bbz - abb = o$, dont l'une des racines augmentée de a fournit la valeur de l'inconnuë PF.

Si $a = b$, l'on aura $2z^3 - 3aaz - a^3 = o$, qui étant divisée par $z + a$, donne $zz - az - \dfrac{aa}{2} = o$, dont la résolution fournit PF $(z + a) = \dfrac{3}{2}a + \dfrac{1}{2}a\sqrt{3} = \dfrac{3a + a\sqrt{3}}{2}$.

EXEMPLE V.

72. **S**OIT une autre espece de Conchoïde *AFK*, telle Fig. 60.
qu'ayant mené d'un de ses points quelconques *F* au pole
P la droite *PF* qui coupe l'asymptote *BC* en *D*, le réctangle *PD×DF* soit toûjours égal au même réctangle *PB×BA*.
On demande le point d'infléxion *F*.

Si l'on nomme les inconnuës *BE*, x; *EF*, y; & les connuës *AB*, a; *BP*, b; on aura $PD×DF = ab$; & les paralleles *BD*, *EF* donneront $PD×DF$ (ab). $PB×BE$ (bx)
$:: \overline{PF}^2$ ($bb + 2bx + xx + yy$). $\overline{PE}^2$ ($bb + 2bx + xx$).
Donc $bbx + 2bxx + x^3 + yyx = abb + 2abx + axx$, ou

$$yy = \frac{abb + 2abx + axx - bbx - 2bxx - x^3}{x} , \& \ y = \overline{b + x} \ V\overline{\frac{a-x}{x}}$$

$$= \sqrt{ax - xx} + b \ V\overline{\frac{a-x}{x}} ,$$ dont la différence donne dy

$$= \frac{-ax\,dx + 2xx\,dx + ab\,dx}{2x\sqrt{ax - xx}} ;$$ & prenant encore la différence, on

forme l'égalité $\dfrac{3aab - aax - 4abx \times dx^2}{4ax - 4x^3 \times \sqrt{ax - x^2}} = 0$, qui se réduit à

$x = \dfrac{3ab}{a + 4b}$ valeur de l'inconnuë *BE*.

Si l'on fait $\dfrac{-ax\,dx + 2xx\,dx + ab\,dx}{2x\sqrt{ax - xx}}$ valeur de dy égal à zero,

l'on aura $xx - \frac{1}{2}ax + \frac{1}{2}ab = 0$, dont les deux racines

$\dfrac{a + \sqrt{aa - 8ab}}{4}$ & $\dfrac{a - \sqrt{aa - 8ab}}{4}$ fournissent, lors que a surpasse $8b$, deux valeurs de *BH* & *BL*, telles que l'appliquée Fig. 61.
HM est moindre que ses voisines, & l'appliquée *LN* plus
grande, c'est-à-dire que les tangentes en *M* & *N* seront
paralleles à l'axe *AB*; & alors le point *E* tombera entre
les points *H* & *L*.

Mais lorsque $a = 8b$, les lignes *BH*, *BE*, *BL* seront éga- Fig. 62.
les chacune à $\frac{1}{4}a$; & alors la tangente au point d'infléxion *F* sera parallele à l'axe *AB*. Et enfin lorsque a est
moindre que $8b$, les deux racines seront imaginaires; &
par-conséquent il n'y aura aucune tangente qui puisse être
parallele à l'axe.

I ij

On pourroit encore réſoudre cette queſtion en prenant pour appliquées lés lignes PF, Pf, qui partent du pole P, & en ſe ſervant de la formule $yddy = dx^2 + dy^2$, comme l'on a fait dans l'éxemple précédent.

E X E M P L E VI.

73. SOIT un cercle AED qui ait pour centre le point B, avec une ligne courbe AFK telle qu'ayant mené à diſcrétion le rayon BFE, le quarré de FE ſoit égal au réctangle de l'arc AE par une droite donnée b. Il faut déterminer dans cette courbe le point d'infléxion F.

Ayant nommé l'arc AE, z; le rayon BA ou BE, a; & l'appliquée BF, y; on aura $bz = aa - 2ay + yy$, & (en prenant les différences) $\frac{2ydy - 2ady}{b} = dz = Ee$. Or à cauſe des ſécteurs ſemblables BEe, BFG, on fera BE (a). BF (y) $:: Ee \left(\frac{2ydy - 2ady}{b}\right)$. FG (dx) $= \frac{2yydy - 2aydy}{ab}$. dont la différence, en ſuppoſant dx conſtante, donne $4ydy^2 - 2ady^2 + 2yyddy - 2ayddy = 0$; & partant $yddy = \frac{ady^2 - 2ydy^2}{y - a}$.

Si donc on ſubſtituë à la place de dx^2 & $yddy$ leurs valeurs en dy^2 dans la formule générale*$yddy = dx^2 + dy^2$, on formera l'équation $\frac{ady^2 - 2ydy^2}{y - a} = \frac{4y^4dy^2 - 8ay^3dy^2 + 4aayydy^2 + aabbdy^2}{aabb}$

qui ſe réduit à $4y^5 - 12ay^4 + 12aay^3 - 4a^3yy + 3aabby - 2a^3bb = 0$, dont la réſolution fournira pour BF la valeur cherchée.

Il eſt évident que la courbe AFK, que l'on peut appeller une *Spirale parabolique*, doit avoir un point d'infléxion F. Car la circonférence AED ne différant pas d'abord ſenſiblement de la tangente en A, il ſuit de la nature de la parabole qu'elle doit d'abord être concave vers cette tangente, & qu'enſuite la courbure de la circonférence autour de ſon centre devenant ſenſible, elle doit devenir concave vers ce centre.

EXEMPLE VII.

74. **S**OIT une ligne courbe *AFK* qui ait pour axe la FIG. 64. droite *AB*, dont la proprieté soit telle qu'ayant mené une tangente quelconque *FB* qui rencontre *AB* au point *B*, la partie interceptée *AB* soit toûjours à la tangente *BF* en raison donnée de *m* à *n*. Il est question de déterminer le point de rebroussement *F*.

Ayant nommé les inconnuës & variables *AE, x; EF, y;* l'on aura $EB = -\frac{ydx}{dy}$ (parce que *x* croissant, *y* diminuë), $FB = \frac{y\sqrt{dx^2+dy^2}}{dy}$. Or par la proprieté de la courbe, *AE* $+ EB$ ou $AB \left(\frac{xdy-ydx}{dy}\right)$. $BF \left(\frac{y\sqrt{dx^2+dy^2}}{dy}\right) :: m.n.$ Donc $m\sqrt{dx^2+dy^2} = \frac{nxdy}{y} - ndx$, & sa différence donne $\frac{mdyddy}{\sqrt{dx^2+dy^2}}$ $= \frac{-nydxdy+nxyddy-nxdy^2}{yy}$ en supposant *dx* constante & négative; d'où l'on tire $ddy = \frac{-nydxdy-nxdy^2 \sqrt{dx^2+dy^2}}{myydy-nxy\sqrt{dx^2+dy^2}}$.

Maintenant si l'on fait cette fraction égale à zero, on trouvera $-ydx-xdy=0$; ce qui ne fait rien connoître. C'est-pourquoy il faut supposer cette fraction égale à l'infini, c'est-à-dire son dénominateur égal à zero; ce qui donne $\sqrt{dx^2+dy^2} = \frac{mydy}{nx} = \frac{nxdy-nydx}{my}$ à cause de l'équation à la courbe, d'où l'on tire $dx = \frac{nnxxdy-mmyydy}{nnxy}$. Or quarrant chaque membre de l'équation $mydy=nx\sqrt{dx^2+dy^2}$, on trouve encore $dx = \frac{dy\sqrt{mmyy-nnxx}}{nx} = \frac{nnxxdy-mmyydy}{nnxy}$, d'où l'on tire enfin $y\sqrt{mm-nn}=nx$; ce qui donne cette construction.

Soit décrit du diametre $AD=m$, un demi-cercle *AID*; & ayant pris la corde $DI=n$, soit tirée l'indéfinie *AI*. Je dis qu'elle rencontrera la courbe *AFK* au point de rebroussement *F*.

I iij

Car ayant mené *IH* perpendiculaire à *AB*, les triangles réctangles femblables *DIA, IHA, FEA* donneront *DI* (*n*). *IA* ($\sqrt{mm-nn}$) :: *IH. HA* :: *FE* (*y*). *EA* (*x*). & partant $y\sqrt{mm-nn}=nx$ qui étoit le lieu à conftruire.

Il eft clair que *BF* eft parallele à *DI*, puifque *AB. BF* :: *AD* (*m*). *DI* (*n*). d'où il fuit que l'angle *AFB* eft droit; & partant que les lignes *AB, BF, BE* font en proportion continuë.

*Art. 57.

On peut trouver cette même proprieté fans aucun calcul, fi l'on imagine *au même point de rebrouffement *F* deux tangentes *FB, Fb* qui faffent entr'elles un angle *BFb* infiniment petit. Car décrivant du centre *F* le petit arc *BL*, on aura *m. n* :: *Ab. bF* :: *AB. BF* :: *Ab — AB* ou *Bb. bF — BF* ou *bL* :: *BF. BE*. à caufe des triangles réctangles femblables *BbL, FBE*. Donc, &c.

Si $m=n$, il eft évident que la droite *AF* deviendra perpendiculaire fur l'axe *AB*; & qu'ainfi la tangente *FB* fera parallele à cet axe; ce que l'on fçait d'ailleurs devoir arriver, puifqu'en ce cas la courbe *AF* doit-être un demi-cercle qui ait fon diametre perpendiculaire fur l'axe *AB*. Mais fi *m* étoit moindre que *n*, il eft évident qu'il n'y auroit aucun point de rebrouffement, parce qu'alors l'équation $y\sqrt{mm-nn}=nx$ renfermeroit une contradiction.

SECTION V.

Usage du calcul des différences pour trouver les Dévelopées.

DEFINITION.

SI l'on conçoit qu'une ligne courbe quelconque *BDF* Fig. 65.
concave vers le même côté, soit envelopée ou en-
tourée d'un fil *ABDF*, dont l'une des extrémités soit fixe
en *F*, & l'autre soit tenduë le long de la tangente *BA*, &
que l'on fasse mouvoir l'extrémité *A* en la tenant toûjours
tenduë & en dévelopant continüellement la courbe *BDF*;
il est clair que l'extrémité *A* de ce fil décrira dans ce mouvement une ligne courbe *AHK*.

Cela posé, la courbe *BDF* sera nommée la *Dévelopée*
de la courbe *AHK*.

Les parties droites *AB, HD, KF* du fil *ABDF* seront nommées les *rayons de la dévelopée.*

COROLLAIRE I.

75. DE ce que la longueur du fil *ABDF* demeure toûjours la même, il suit que la portion de courbe *BD* est
égale à la différence des rayons *DH, BA* qui partent de
ses extrémités ; de même la portion *DF* sera égale à la différence des rayons *FK, DH*; & la courbe entiére *BDF* à
la différence des rayons *FK, BA*. D'où l'on voit que si le
rayon *BA* de la courbe étoit nul, c'est-à-dire que si l'extrémité *A* du fil tomboit sur l'origine *B* de la courbe *BDF*,
alors les rayons de la dévelopée *DH, FK* seroient égaux
aux portions *BD, BDF* de la courbe *BDF*.

COROLLAIRE II.

76. SI l'on considére la courbe *BDF* comme un poli- Fig. 66.
gone *BCDEF* d'une infinité de côtés ; il est clair que l'extrémité *A* du fil *ABCDEF* décrit le petit arc *AG* qui a pour

centre le point *C*, jufqu'à ce que le rayon *CG* ne faffe plus qu'une ligne droite avec le petit côté *CD* voifin de *CB* ; & de même qu'elle décrit le petit arc *GH* qui a pour centre le point *D*, jufqu'à ce que le rayon *DH* ne faffe plus qu'une droite avec le petit côté *DE* ; & ainfi de fuite jufqu'à ce que la courbe *BCDEF* foit entiérement dévelopée. La courbe *AHK* peut être donc confidérée comme l'affemblage d'une infinité de petits arcs de cercle *AG*, *GH*, *HI*, *IK*, &c. qui ont pour centre les points *C*, *D*, *E*, *F*, &c. D'où il fuit,

1°. Que les rayons de la dévelopée la touchent continüellement comme *DH* en *D*, *KF* en *F*, &c. Et qu'ils font tous perpendiculaires à la courbe *AHK* qu'ils décrivent, comme *DH* en *H*, *FK* en *K*, &c. Car *DH*, par éxemple, eft perpendiculaire fur le petit arc *GH* & fur le petit arc *HI*, puifqu'elle paffe par leurs centres *D*, *E*. D'où l'on voit, 1°. que la dévelopée *BDF* termine l'efpace où tombent toutes les perpendiculaires à la courbe *AHK*.

Fig. 65.

2°. Que fi l'on prolonge un rayon quelconque *HD* qui coupe le rayon *AB* en *R*, jufqu'à ce qu'il rencontre un autre rayon quelconque *KF* en *S*, l'on pourra toûjours mener de tous les points de la partie *RS* deux perpendiculaires fur la courbe *AHK*, excepté du point touchant *D* duquel on n'en peut mener qu'une feule fçavoir *DH*. Car il eft clair que l'interfection *R* des rayons *AB*, *DH* parcourt tous les points de la partie *RS*, pendant que le rayon *AB* décrit par fon extrémité *A* la ligne *AHK* fur laquelle il eft continüellement perpendiculaire : & que les rayons *AB*, *HD* ne fe confondent que lorfque l'interfection *R* tombe fur le point touchant *D*.

Fig. 66.

2°. Que fi l'on prolonge les petits arcs *HG* en *l*, *IH* en *m*, *KI* en *n*, &c. vers l'origine *A* du développement, chaque petit arc comme *IH* touchera en dehors fon voifin *HG*, parce que les rayons *CA*, *DG*, *EH*, *FI* vont toûjours en augmentant à mefure que les petits arcs qui compofent la courbe *AHK*, s'éloignent du point *A*. Par la même raifon fi l'on prolonge les petits arcs *AG* en *o*, *GH* en *p*,

HI

HI en *q*, vers le côté oppofé au point *A*; chaque petit arc comme *HI* touchera en deffous fon voifin *IK*. Or puifque les points *H* & *I*, *D* & *E* peuvent être confidérés comme tombant l'un fur l'autre à caufe de l'infinie petiteffe, tant de l'arc *HI*, que du côté *DE*; il s'enfuit que fi l'on décrit d'un point quelconque moyen *D* de la dévelopée *BDF* comme centre, & de fon rayon *DH* un cercle *mHp*, il touchera en dehors la partie *HA* qui tombera toute entiere au dedans de ce cercle, & en dedans de l'autre partie *HK* qui tombera toute entiere au dehors de ce même cercle : c'eft-à-dire qu'il touchera & coupera la courbe *AHK* au même point *H*, de même que la tangente au point d'infléxion coupe la courbe dans ce point.

3°. Le rayon *HD* du petit arc *HG*, ne différant des rayons *CG*, *EH* des arcs voifins *GA*, *HI*, que d'une quantité infiniment petite *CD* ou *DE*; il s'enfuit que pour peu qu'on diminuë le rayon *DH*, il fera moindre que *CG*, & qu'ainfi fon cercle touchera en deffous la partie *HA*; & qu'au contraire pour peu qu'on l'augmente, il furpaffera *HE*, & qu'ainfi fon cercle touchera en dehors la partie *HK* : de forte que le cercle *mHp* eft le plus petit de tous ceux qui touchent en dehors la partie *HA*, & au contraire le plus grand de tous ceux qui touchent en dedans la partie *HK* : c'eft-à-dire qu'entre ce cercle & la courbe on n'en peut faire paffer aucun autre.

4°. Comme la courbure des cercles augmente à proportion que leurs rayons diminüent, il s'enfuit que la courbure du petit arc *HI* fera à la courbure du petit arc *AG* réciproquement comme le rayon *BA* ou *CA* de ce dernier eft à fon rayon *DH* ou *EH* : c'eft-à-dire que la courbure en *H* de la courbe *AHK* fera à fa courbure en *A* comme le rayon *BA* au rayon *DH*; & de même que la courbure en *K* eft à la courbure en *H* comme le rayon *DH* eft au rayon *FK*. D'où l'on voit que la courbure de la ligne *AHK* diminuë continüellement à mefure que la ligne *BDF* fe dévelope; de forte qu'au point *A*, où commence le dévelopement, elle eft la plus grande qu'il eft poffible;

K

& au point K, où je suppose qu'il cesse, la plus petite.

5°. Que les points de la dévelopée ne sont autre chose que le concours des perpendiculaires menées par les extrémités des petits arcs qui composent la courbe AHK. Par exemple, le point D ou E est le concours des perpendiculaires HD, IE, du petit arc HI; de sorte que si la courbe AHK est donnée avec la position d'une de ses perpendiculaires HD, pour trouver le point D ou E, où elle touche la dévelopée, il ne faut que chercher le point de concours des perpendiculaires infiniment proches HD, IE : c'est ce qu'on va enseigner dans le Problême qui suit.

PROPOSITION I.

Problême général.

FIG. 67.

77. *La nature de la ligne courbe* AMD *étant donnée avec une de ses perpendiculaires quelconque* MC; *déterminer la longueur du rayon* MC *de sa dévelopée : c'est-à-dire le concours des perpendiculaires infiniment proches* MC, mC.

Supposons en premier lieu que la ligne courbe AMD ait pour axe la ligne droite AB sur laquelle les appliquées PM soient perpendiculaires. On imaginera une autre appliquée mp, qui sera infiniment proche de MP; puisque le point m est supposé infiniment prés de M. On menera par le point de concours C une parallele CE à l'axe AB, laquelle rencontre les appliquées MP, mp aux points E, e. Enfin menant MR parallele à AB, on formera les triangles réctangles semblables MRm, MEC; car les angles EMR, CMm étant droits, & l'angle CMR leur étant commun, l'angle EMC sera égal à l'angle RMm.

Si donc l'on nomme les données AP, x; PM, y; l'inconnuë ME, z; l'on aura Ee ou Pp ou $MR = dx$, $Rm = dy = dz$, $Mm = \sqrt{dx^2 + dy^2}$; & $MR\ (dx).\ Mm\ (\sqrt{dx^2 + dy^2})$ :: $ME\ (z).\ MC = \dfrac{z\sqrt{dx^2 + dy^2}}{dx}$. Or le point C étant le centre du petit arc Mm, son rayon CM qui devient Cm lorsque EM augmente de sa différence Rm, demeure le même. Sa différence sera donc nulle : ce qui donne (en suppo-sant dx constante) $\dfrac{dz\,dx^2 + dz\,dy^2 + z\,dy\,ddy}{dx\sqrt{dx^2 + dy^2}} = 0$; d'où l'òn tire $ME\,(z) = \dfrac{dz\,dx^2 + dz\,dy^2}{-dy\,ddy} = \dfrac{dx^2 + dy^2}{-ddy}$ en mettant pour dz sa valeur dy.

Suppofons en second lieu que les appliquées BM, Bm Fig. 68. partent toutes d'un même point B. Ayant mené du point cherché C fur les appliquées, que je fuppofe infiniment proches, les perpendiculaires CE, Ce, & décrit du centre B le petit arc MR; on formera les triangles réctangles femblables RMm & EMC, BMR, BEG & CeG. C'eft-pour-quoy nommant BM, y; ME, z; MR, dx; on aura $Rm = dy$, $Mm = \sqrt{dx^2 + dy^2}$, CE ou $Ce = \dfrac{z\,dy}{dx}$, & $MC = \dfrac{z\sqrt{dx^2 + dy^2}}{dx}$. On trouvera enfuite, comme dans le pre-mier cas, $z = \dfrac{dz\,dx^2 + dz\,dy^2}{-dy\,ddy}$. Or $BM\,(y)$. $Ce\left(\dfrac{z\,dy}{dx}\right) :: MR\,(dx)$. $Ge = \dfrac{z\,dy}{y}$. & $me - ME$ ou $Rm - Ge = dz = \dfrac{y\,dy - z\,dy}{y}$. Donc en mettant cette valeur à la place de dz, l'on aura $ME\,(z) = \dfrac{y\,dx^2 + y\,dy^2}{dx^2 + dy^2 - y\,ddy}$.

Si l'on fuppofe que y foit infinie, les termes dx^2 & dy^2 feront nuls par rapport à $y\,ddy$; & par-conféquent cette derniere formule fe changera en celle du cas precédent. Ce qui doit auffi arriver; puifque les appliquées devien-nent alors parallèles entr'elles, & que l'arc MR devient une droite perpendiculaire fur les appliquées.

Maintenant la nature de la courbe AMD étant donnée, on trouvera des valeurs de dy^2 & ddy en dx^2; ou de dx^2 & ddy en dy^2, lefquelles étant fubftituées dans les formules précédentes, donneront pour ME une valeur délivrée des différences, & entiérement connuë. Et menant EC perpen-diculaire fur ME, elle ira couper MC perpendiculaire à la courbe, au point cherché C. Ce qui étoit propofé.

K ij

Corollaire I.

FIG. 67. 68.   **78.** A cauſe des triangles réctangles ſemblables MRm & MEC, l'on aura dans le premier cas $MC = \dfrac{\overline{dx^2 + dy^2}\,\sqrt{\overline{dx^2 + dy^2}}}{-\,dx\,ddy}$,

& dans le ſecond $MC = \dfrac{y\,dx^2 + y\,dy^2\,\sqrt{dx^2 + dy^2}}{dx^3 + dx\,dy^2 - y\,dx\,ddy}$.

Remarque.

79. Il y a encore pluſieurs autres maniéres de trouver les rayons de la dévelopée. J'en mettray ici une partie, afin de donner différentes ouvertures à ceux qui ne poſſédent pas encore ce calcul.

Premier cas pour les courbes dont les appliquées ſont perpendiculaires à l'axe.

FIG. 67.   Premiere maniére. Soit prolongée MR en G où elle rencontre la perpendiculairé mC. Les angles droits MRm, MmG donneront $RG = \dfrac{dy^2}{dx}$; & par-conſéquent $MG = \dfrac{dx^2 + dy^2}{dx}$. Or à cauſe des triangles ſemblables MRm, MPQ (les points Q, q marquent les interſeſtions des perpendiculaires infiniment proches MC, mC avec l'axe AB) il vient $MQ = \dfrac{y\sqrt{dx^2 + dy^2}}{dx}$, $PQ = \dfrac{y\,dy}{dx}$; & partant $AQ = x + \dfrac{y\,dy}{dx}$, dont la différence donne (en prenant dx pour conſtante) $Qq = dx + \dfrac{dy^2 + y\,ddy}{dx}$; & à cauſe des triangles ſemblables CMG, CQq, l'on aura $MG - Qq\left(\dfrac{-y\,ddy}{dx}\right) \cdot MG \left(\dfrac{dx^2 + dy^2}{dx}\right) :: MQ \left(\dfrac{y\sqrt{dx^2 + dy^2}}{dx}\right) . MC = \dfrac{\overline{dx^2 + dy^2}\,\sqrt{\overline{dx^2 + dy^2}}}{-\,dx\,ddy}$.

Seconde maniére. Ayant décrit du centre C le petit arc QO, les petits triangles réctangles QOq, MRm ſeront ſemblables, puiſque Mm, QO & MR, Qq ſont paralleles; & partant $Mm\,(\sqrt{dx^2 + dy^2}) . MR\,(dx) :: Qq\left(\dfrac{dx^2 + dy^2 + y\,ddy}{ax}\right) . QO = \dfrac{dx^2 + dy^2 + y\,ddy}{\sqrt{dx^2 + dy^2}}$. Or les ſéſteurs ſemblables CMm,

$C \mathcal{2} O$ donnent $Mm \,\text{---}\, \mathcal{2}O \left(\frac{-yddy}{\sqrt{dx^2+dy^2}} \right). Mm \left(\sqrt{dx^2+dy^2} \right).$

$\therefore M \mathcal{2} \left(\frac{y\sqrt{dx^2+dy^2}}{dx} \right). MC = \frac{\overline{dx^2+dy^2}\sqrt{dx^2+dy^2}}{-dxddy}.$

Troisiéme maniére. Menant les tangentes infiniment proches MT, mt, on aura $PT - AP$ ou $AT = \frac{ydx}{dy} - x$, dont la différence donne $Tt = -\frac{ydxddy}{dy^2}$; & décrivant du centre m le petit arc TH, on formera le triangle réctangle HTt semblable à RmM, car les angles HtT, RMm ou PTM sont égaux, ne différant entr'eux que de l'angle Tmt qui est infiniment petit; ce qui donne $Mm \left(\sqrt{dx^2+dy^2} \right).$ mR (dy) $::$ Tt $\left(-\frac{ydxddy}{dy^2} \right). TH = \frac{-ydxddy}{dy\sqrt{dx^2+dy^2}}.$ Or les séteurs TmH, MCm sont semblables, car l'angle $Tmt + MmC$ vaut un droit, & l'angle $MmC + MCm$ vaut aussi un droit à cause du triangle CMm consideré comme réctangle en M. Donc $TH \left(-\frac{ydxddy}{dy\sqrt{dx^2+dy^2}} \right). Mm \left(\sqrt{dx^2+dy^2} \right) :: Tm$ ou $TM \left(\frac{y\sqrt{dx^2+dy^2}}{dy} \right). MC = \frac{\overline{dx^2+dy^2}\sqrt{dx^2+dy^2}}{-dxddy}.$

Quatriéme maniére. On marquera* les différences secondes en prenant dx pour constante; & les triangles réctangles semblables HmS, Hnk donneront Hm ou Mm $\left(\sqrt{dx^2+dy^2} \right). mS$ ou MR (dx) $::$ Hn $(-ddy). nk$ $= -\frac{dxddy}{\sqrt{dx^2+dy^2}}.$ Or l'angle kmn est égal à celuy que font entr'elles les tangentes aux points M, m; & partant comme l'on vient de prouver, égal à l'angle MCm; d'où il suit que les séteurs nmk, MCm sont semblables, & qu'ainsi nk $\left(-\frac{dxddy}{\sqrt{dx^2+dy^2}} \right). mk$ ou * $Mm \left(\sqrt{dx^2+dy^2} \right) :: Mm$ $\left(\sqrt{dx^2+dy^2} \right). MC = \frac{\overline{dx^2+dy^2}\sqrt{dx^2+dy^2}}{-dxddy}.$ On prend mH ou Mm pour mk, parce qu'elles ne différent entr'elles que de la petite droite Hk infiniment moindre qu'elles; de même que Hn est infiniment moindre que Rm ou Sn.

* Art. 64.
Fig. 69.
* Art. 2.

K iij

Second cas pour les courbes dont les appliquées partent d'un même point fixe.

Fig. 68.

Premiere maniére. Ayant mené du point fixe B les perpendiculaires BF, Bf sur les rayons infiniment proches CM, Cm; les triangles réctangles mMR, BMF, qui sont semblables (puis qu'ajoûtant aux angles mMR, BMF le même angle FMR, ils composent chacun un angle droit), donneront MF ou $MH = \dfrac{ydx}{\surd dx^2 + dy^2}$, & $BF = \dfrac{ydy}{\surd dx^2 + dy^2}$ dont la différence (en prenant dx pour constante) est $Bf - BF$ ou Hf

$$= \frac{dx^2 dy^2 + dy^4 + ydx^2 ddy}{dx^2 + dy^2 \times \surd dx^2 + dy^2}.$$

Or à cause des fécteurs semblables CMm, CHf, on forme cette proportion $Mm - Hf . Mm :: MH . MC$, & partant

$$MC = \frac{ydx^2 + ydy^2 \surd dx^2 + dy^2}{dx^3 + dxdy^2 - ydxddy}.$$

*Art. 64.
Fig. 70.

Seconde maniére. On marquera $*$ les différences secondes en supposant dx constante; & les fécteurs semblables BmS, mEk donneront $Bm (y) . mS (dx) :: mE (\surd dx^2 + dy^2)$. $Ek = \dfrac{dx \surd dx^2 + dy^2}{y}$. Or à cause des triangles réctangles semblables HmS, Hnk, l'on aura Hm ou $Mm (\surd dx^2 + dy^2)$. mS ou $MR (dx) :: Hn (- ddy)$. $nk = - \dfrac{dxddy}{\surd dx^2 + dy^2}$. Et partant $En = \dfrac{dx^3 + dxdy^2 - ydxddy}{y \surd dx^2 + dy^2}$; & prenant une troisiéme proportionnelle à En, Em ou Mm, les fécteurs semblables Emn, MCm donneront pour MC la même valeur qu'auparavant.

Si l'on nomme $Mm (\surd dx^2 + dy^2)$, du; & qu'on prenne dy pour constante au lieu de dx, on trouvera dans le premier cas $MC = \dfrac{du^3}{dyddx}$, & dans le second $MC = \dfrac{ydu^3}{dxdu^2 + ydyddx}$. Et enfin si l'on prend du pour constante, il vient dans le premier cas $MC = \dfrac{dxdu}{- ddy}$ ou $\dfrac{dydu}{ddx}$ (parce que la différence de $dx^2 + dy^2 = du^2$ est $dxddx$

$\overline{} + dy\,ddy = o$, & qu'ainfi $\dfrac{dx}{-ddy} = \dfrac{dy}{ddx}$); & dans le fecond,

$$MC = \frac{y\,dx\,du}{dx^{2} - y\,ddy} \quad \text{ou} \quad \frac{y\,dy\,du}{dx\,dy + y\,ddx} \;.$$

COROLLAIRE II.

80. Comme l'on ne trouve pour ME ou MC qu'une Fig. 72. feule valeur, il s'enfuit qu'une ligne courbe AMD ne peut avoir qu'une feule dévelopée BCG.

COROLLAIRE III.

81. Si la valeur de ME $\left(\dfrac{dx^{2} + dy^{2}}{-ddy}\right)$ ou $\left(\dfrac{y\,dx^{2} + y\,dy^{2}}{dx^{2} + dy^{2} - y\,ddy}\right)$ Fig. 67. 68. eft pofitive, il faudra prendre le point E du même côté de l'axe AB ou du point B, comme l'on a fuppofé en faifant le calcul; d'où l'on voit que la courbe fera alors concave vers cet axe ou ce point. Mais fi la valeur de ME eft négative, il faudra prendre le point E du côté oppofé; d'où l'on voit que la courbe fera alors convexe. De forte qu'au point d'infléxion ou de rebrouffement qui fépare la partie concave de la convexe, la valeur de ME doit devenir de pofitive négative; & partant les perpendiculaires infiniment proches ou contiguës doivent devenir de convergentes divergentes. Or cela ne fe peut faire qu'en deux maniéres. Car ou elles vont en croiffant à mefure qu'elles approchent du point d'infléxion ou de rebrouffement; & il faudra pour lors qu'elles deviennent paralleles, c'eft-à-dire que le rayon de la dévelopée foit infini : ou elles vont en diminüant; & il faudra néceffairement alors qu'elles tombent l'une fur l'autre, c'eft-à-dire que le rayon de la dévelopée foit zero. Tout ceci s'accorde parfaitement avec ce que l'on a démontré dans la féction précédente.

REMARQUE.

82. Comme l'on a crû jufqu'ici que le rayon de la dévelopée étoit toûjours infiniment grand au point d'in-

fléxion, il eſt à propos de faire voir qu'il y a, pour, ainſi dire, une infinité de genres de courbes qui ont toutes dans leur point d'infléxion le rayon de la dévelopée égal à zero ; au lieu qu'il n'y en a qu'un ſeul genre dans lequel ce rayon ſoit infini.

Soit *BAC* une des courbes qui ont dans leur point d'infléxion *A* le rayon de la dévelopée infini. Si l'on dévelope les parties *BA, AC*, en commençant au point *A* ; il eſt clair qu'on formera une ligne courbe *DAE* qui aura auſſi un point d'infléxion dans le même point *A*, mais dont le rayon de la dévelopée en ce point ſera égal à zero. Et ſi l'on formoit de la même ſorte une troiſiéme courbe par le dévelopement de la ſeconde *DAE*, & une quatriéme par le dévelopement de la troiſiéme, & ainſi de ſuite à l'infini ; il eſt clair que le rayon de la dévelopée dans le point d'infléxion *A* de toutes ces courbes, ſeroit toûjours égal à zero. Donc, &c.

PROPOSITION II.

Problême.

83. Trouver *dans les courbes* AMD, *où l'axe* AB *fait avec la tangente en* A *un angle droit, le point* B *où cet axe touche la dévelopée* BCG.

Si l'on ſuppoſe que le point *M* devienne infiniment prés du ſommet *A*, il eſt clair que la perpendiculaire *MQ* rencontrera l'axe au point cherché *B* ; d'où il ſuit que ſi l'on cherche en général la valeur de $PQ\left(\frac{ydy}{dx}\right)$ en *x* ou en *y*, & qu'on faſſe enſuite *x* ou *y* = *o*, on déterminera le point *P* à tomber ſur le point *A*, & le point *Q* ſur le point cherché *B* ; c'eſt-à-dire que *PQ* deviendra alors égale à la cherchée *AB*. Ceci s'éclaircira par les éxemples qui ſuivent.

EXEMPLE I.

84. Soit la courbe *AMD* une Parabole qui ait pour

para-

FIG. 71.

FIG. 72.

FIG. 72.

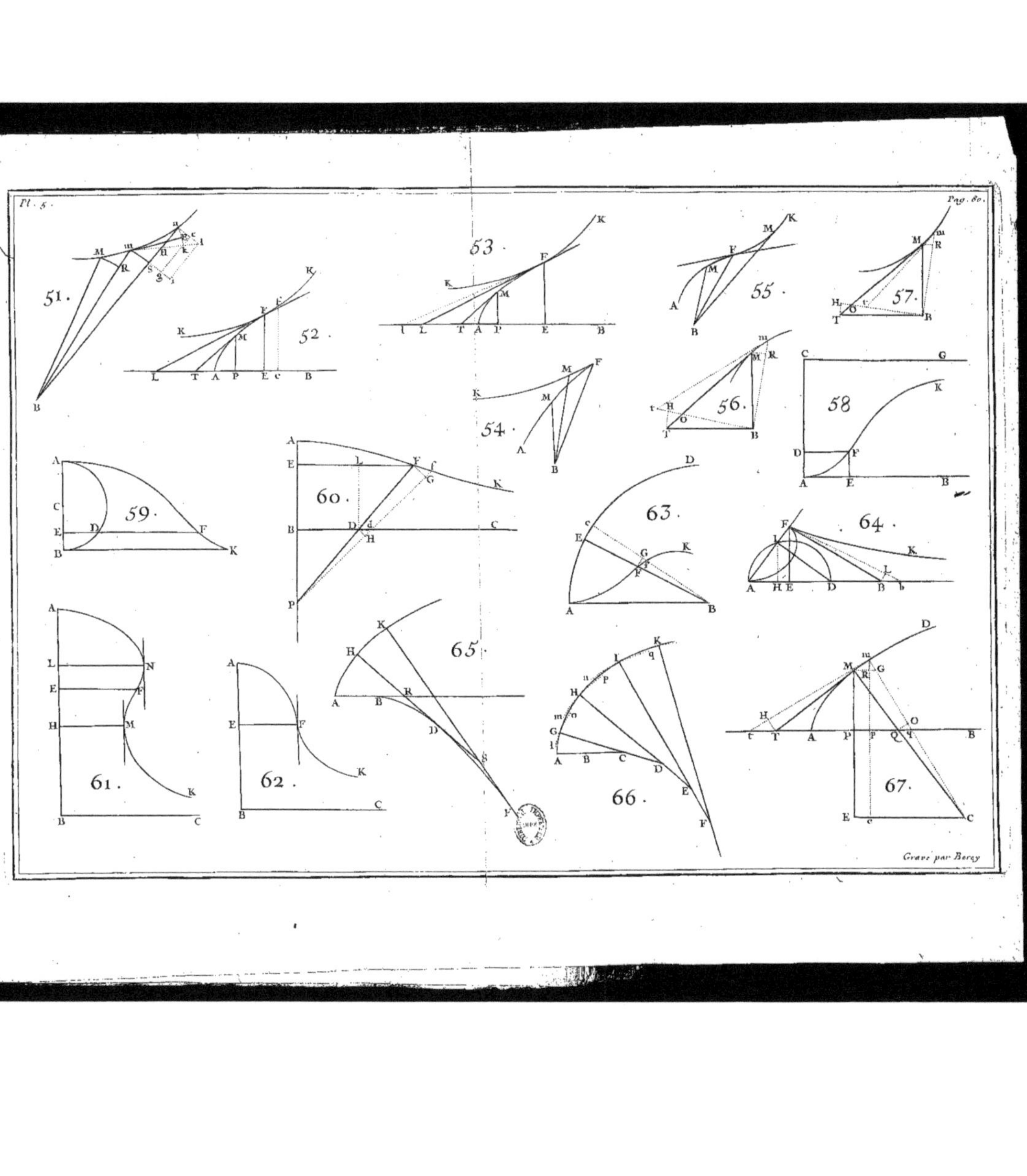

Pl. 5.
Pag. 80.
51.
52.
53.
54.
55.
56.
57.
58.
59.
60.
61.
62.
63.
64.
65.
66.
67.
Gravé par Bercy

parametre la droite donnée *a*. L'équation à la parabole
est $ax = yy$, dont la différence donne $dy = \frac{adx}{2y} = \frac{adx}{2\sqrt{ax}}$; &
prenant la différence de cette derniere équation, en sup-
posant dx constante, on trouve $ddy = \frac{-adx^2}{4x\sqrt{ax}}$. Substituant
enfin ces valeurs à la place de dy & de ddy dans la formu-
le $\frac{dx^2 + dy^2}{-ddy}$, on aura * $ME = \frac{a + 4x\sqrt{ax}}{a} = \sqrt{ax} + \frac{4x\sqrt{ax}}{a}$. * *Art. 77.*
Ce qui donne cette construction.

Soit menée par le point *T* ou la tangente *MT* rencontre l'axe, la ligne *TE* parallele à *MC* ; je dis qu'elle rencontre *MP* prolongée au point cherché *E*. Car les angles
droits *MPT*, *MTE* donnent *MP* ($\sqrt{ax}$). *PT* ($2x$) :: *PT*
($2x$). $PE = \frac{4xx}{\sqrt{ax}} = \frac{4x\sqrt{ax}}{a}$. & par-conséquent $MP + PE$
$= \sqrt{ax} + \frac{4x\sqrt{ax}}{a}$.

De plus à cause des triangles rectangles *MPQ, MEC*, l'on
aura PM ($\sqrt{ax}$). $PQ \left(\frac{1}{2}a\right) :: ME \left(\sqrt{ax} + \frac{4x\sqrt{ax}}{a}\right)$. EC ou PK
$= \frac{1}{2}a + 2x$. & partant $QK = 2x$. Ce qui donne cette
nouvelle construction.

Soit prise *QK* double de *AP*, ou (ce qui revient au
même) soit prise *PK* égale à *TQ*, & soit menée *KC* parallele à *PM*. Elle rencontrera la perpendiculaire *MC* en
un point *C* qui sera à la dévelopée *BCG*.

Autre maniére. $yy = ax$, & $2ydy = adx$ dont la différence
(en supposant dx constante) donne $2dy^2 + 2yddy = 0$; d'où
l'on tire $-ddy = \frac{dy^2}{y}$. Et mettant cette valeur dans la
formule $\frac{dx^2 + dy^2}{-ddy}$, on trouve * $ME = \frac{ydy^2 + ydx^2}{dy^2}$; & partant * *Art. 77.*
EC ou $PK = \frac{ydy^2 + ydx^2}{dydx} = \frac{ydy}{dx} + \frac{ydx}{dy} = PQ + PT$ ou
TQ. Ce qui donne les mêmes constructions qu'aupara-
vant. Car $MP . PT :: dy . dx :: PT \left(\frac{ydx}{dy}\right)$. $PE = \frac{ydx^2}{dy^2} = \frac{4x\sqrt{ax}}{a}$.

L

Pour trouver à préfent le point B où l'axe AB touche la dévelopée BCG. On a $PQ\left(\frac{y\,dy}{dx}\right)=\frac{1}{2}a$. Or comme cette quantité eft conftante, elle demeurera toûjours la même en quelque endroit que fe trouve le poinr M. Et ainfi, lorfqu'il tombe fur le fommet A, l'on aura encore PQ qui devient en ce cas $AB=\frac{1}{2}a$.

Pour trouver la nature de la dévelopée BCG à la maniére de *Defcartes*. On nommera la coupée BK, u; l'appliquée KC ou PE, t; d'où l'on aura $CK\,(t)=\frac{4x\sqrt{ax}}{a}$ & $AP+PK-AB\,(u)=3x$; mettant donc pour x fa valeur $\frac{1}{3}u$ dans l'équation $t=\frac{4x\sqrt{ax}}{a}$, l'on en formera une nouvelle $27att=16u^3$ qui exprimera la relation de BK à KC. D'où l'on voit que la dévelopée BCG de la Parabole ordinaire eft une feconde Parabole cubique dont le parametre eft égal à $\frac{27}{16}$ du parametre de la parabole donnée.

Fig. 73.

Il eft vifible que la dévelopée CBC de la parabole commune entiere MAM a deux parties CB, BC qui ont leurs convexités oppofées l'une à l'autre; de forte qu'elles forment en B un point de rebrouffement.

AVERTISSEMENT.

Fig. 72.

On entend par courbes geométriques AMD, BCG *celles dont la relation des coupées* AP, BK *aux appliquées* PM, KC, *fe peut exprimer par une équation où il ne fe rencontre point de différences; &* on prend pour geométrique *tout ce qu'on peut faire par le moyen de ces lignes. L'on fuppofe ici que les coupées & les appliquées foient des lignes droites.*

COROLLAIRE.

85. LORSQUE la courbe donnée AMD, eft geométrique, il eft clair que l'on pourra toûjours trouver (comme dans cet éxemple) une équation qui exprime la nature de

fa dévelopée BCG ; & qu'ainſi cette dévelopée ſera auſſi
geométrique. Mais je dis de plus qu'elle ſera réctifiable,
c'eſt-à-dire qu'on pourra trouver geométriquement des
lignes droites égales à une de ſes portions quelconques
BC ; car il eſt évident * que l'on déterminera avec le ſecours　*$Art.$ $75.$
de la ligne AMD, qui eſt geométrique, ſur la tangente CM
de la portion BC, un point M tel que la droite CM ne différera de la portion BC que d'une droite donnée AB.

E x e m p l e II.

86. Soit la courbe donnée MDM une Hyperbole en-　Fig. 74.
tre ſes aſymptotes, qui ait pour équation $aa = xy$.

On aura $\frac{aa}{y} = x$, $\frac{-aa\,dy}{yy} = dx$, & ſuppoſant dx con-

ſtante, * $\frac{-aayy\,ddy + 2aay\,dy^2}{y^4} = o$; d'où l'on tire $ddy = \frac{2dy^2}{y}$; &　*$Art.$ $1.$

mettant cette valeur dans $\frac{dx^2 + dy^2}{-ddy}$, il vient * $ME = \frac{y\,dx^2 + y\,dy^2}{-2dy^2}$:　*$Art.$ $77.$

de ſorte que EC ou $PK = -\frac{y\,dy}{2dx} - \frac{y\,dx}{2dy}$. Ce qui donne ces
conſtructions.

Soit menée par le point T où la tangente MT rencontre l'aſymptote AB, la ligne TS parallele à MC & qui rencontre MP prolongée en S ; ſoit priſe ME égale à la
moitié de MS de l'autre côté de l'aſymptote (que l'on regarde ici comme l'axe) parce que ſa valeur eſt négative ;
ou bien ſoit priſe PK égale à la moitié de TQ du même
côté du point T : je dis que ſi l'on mene EC parallele ou
KC perpendiculaire à l'axe, elles couperont la droite MC

au point cherché C. Car il eſt clair que $MS = \frac{y\,dx^2 + y\,dy^2}{dy^2}$,

& que $TQ = \frac{y\,dy}{dx} + \frac{y\,dx}{dy}$.

Si l'on fait quelque attention ſur la figure de l'hyperbole MDM, on verra que ſa dévelopée CLC doit avoir un
point de rebrouſſement L, de même que la dévelopée de
la parabole. Pour le déterminer je remarque que le rayon
DL de la dévelopée eſt plus petit que tout autre rayon

Art. 78. MC ; d'où il suit que la différence de son expreſſion *

Seɛt. 3. $\dfrac{\overline{dx^2 + dy^2} \sqrt{\overline{dx^2 + dy^2}}}{- dxddy}$ ou $\dfrac{\overline{dx^2 + dy^2}^{\frac{3}{2}}}{- dxddy}$ ſera * nulle ou infinie. Ce qui donne, en prenant toûjours dx pour conſtante,

$$\frac{- 3 dxdyddy^2 \overline{dx^2 + dy^2}^{\frac{1}{2}} + dxdddy \overline{dx^2 + dy^2}^{\frac{3}{2}}}{dx^2 ddy^2} = 0 \text{ ou } \infty ;$$

d'où en diviſant par $\overline{dx^2 + dy^2}^{\frac{1}{2}}$, & multipliant enſuite par $dxddy^2$; on tire cette équation $dx^2 dddy + dy^2 dddy - 3 dy ddy^2 = 0$ ou ∞, qui ſervira à trouver pour x une valeur AH telle que menant l'appliquée HD & le rayon DL de la dévelopée, le point L ſera le point de rebrouſſement cherché.

On a dans cet exemple $y = \dfrac{aa}{x}$, $dy = \dfrac{- aadx}{xx}$, $ddy = \dfrac{2 aadx^2}{x^3}$, $dddy = \dfrac{- 6 aadx^3}{x^4}$. C'eſt-pourquoy mettant ces valeurs dans l'équation précédente, on trouve $AH\,(x) = a$. D'où il ſuit que le point D eſt le ſommet de l'hyperbole, & que les lignes AD, DL ne font qu'une même droite AL qui en eſt l'axe.

E X E M P L E   I I I.

FIG. 72. 74. 87. SOIT l'équation générale $y^m = x$ qui exprime la nature de toutes les Paraboles à l'infini lorſque l'expoſant m marque un nombre poſitif entier ou rompu, & de toutes les Hyperboles lorſqu'il marque un nombre négatif.

On aura $my^{m-1} dy = dx$ dont la différence donne, en prenant dx pour conſtante, $\overline{mm - m} y^{m-1} dy^2 + my^{m-1} ddy = 0$; & en diviſant par my^{m-1}, il vient $- ddy = \dfrac{\overline{m-1} dy^2}{y}$;

Art. 77. d'où mettant cette valeur dans $\dfrac{dx^2 + dy^2}{- ddy}$, on tirera * $ME = \dfrac{ydx^2 + ydy^2}{\overline{m-1} dy^2}$; & partant EC ou PK $\dfrac{ydy}{\overline{m-1} dx} + \dfrac{ydx}{\overline{m-1} dy}$. Ce qui donne ces conſtructions générales.

Soit menée par le point T où la tangente MT rencontre l'axe AP, la ligne TS parallele à MC & qui rencontre

MP prolongée au point S ; soit prise $ME = \frac{1}{m-1} MS$,
ou bien soit prise $PK = \frac{1}{m-1} TQ$: il est clair que si l'on
mene par le point E une parallele, ou par le point K une
perpendiculaire à l'axe, elles rencontreront MC au point
cherché C.

Si m est négatif, comme il arrive dans les hyperboles, FIG. 74.
la valeur de ME sera négative ; & par-conséquent elles
seront convexes vers leur axe qui sera alors une asymptote. Mais dans les paraboles où m est positif, il peut arriver deux cas. Car ou m sera moindre que 1, & alors elles FIG. 75.
seront convexes du côté de leur axe, qui sera une tangente ou sommet : ou m surpasse 1, & alors elles seront FIG. 72.
concaves vers leur axe qui sera perpendiculaire au sommet.

Pour trouver dans ce dernier cas le point B où l'axe
AB touche la dévelopée. On a $PQ \left(\frac{y \, dy}{dx} \right) = \frac{y^2 - m}{m}$; ce
qui donne trois différens cas. Car ou $m = 2$, ce qui n'ar-
rive que dans la parabole ordinaire, & alors l'exposant de
y étant nul, cette inconnuë s'évanoüit ; & par-conséquent
$AB = \frac{1}{2}$, c'est-à-dire à la moitié du parametre. Ou m est
moindre que 2, & alors l'exposant de y étant positif,
elle se trouvera dans le numérateur, ce qui rend (en l'é-
galant * à zero) la fraction nulle : c'est-à-dire que le point *Art. 83.
B tombe en ce cas sur le point A comme dans la secon- FIG. 76.
de parabole cubique $axx = y^3$. Ou enfin m surpasse 2, &
alors l'exposant de y étant négatif, elle sera dans le dénominateur, ce qui rend (lors qu'elle devient zero) la fraction infinie : c'est-à-dire que le point B est infiniment é-
loigné du point A, ou (ce qui est la même chose) que l'axe
AB est asymptote de la dévelopée comme dans la premiere parabole cubique $aax = y^3$. On peut remarquer FIG. 77.
dans ce dernier cas que la dévelopée CLO de la demi-
parabole ADM a un point de rebrouffement L ; de forte
que par le développement de la partie LO continüée à l'infini, le point D ne décrit que la portion déterminée DA ;

L iij

au lieu que par le dévelopement de l'autre partie LC continuée aussi à l'infini, il décrit la portion infinie DM.

On déterminera le point L de même que dans l'hyperbole. Soit par exemple $aax = y^3$ ou $y = x^{\frac{2}{3}}$, on aura

$$dy = \frac{1}{3} x^{-\frac{2}{3}} dx, \quad ddy = -\frac{2}{9} x^{-\frac{5}{3}} dx^2, \quad dddy = \frac{10}{27} x^{-\frac{8}{3}} dx^3;$$

& ces valeurs étant substituées dans l'équation $dx^2 dddy$

* Art. 86. $+ dy^2 dddy - 3 dy ddy^2 = 0$, on trouvera * AH $(x) = \sqrt[4]{\frac{1}{91125}}$.
Il en est ainsi des autres.

R E M A R Q U E.

88. En supposant que m surpasse 1, afin que les paraboles soient toûjours concaves du côté de leur axe, il peut arriver différens cas. Car si le numérateur de la fraction marquée par m est pair, & le dénominateur impair;
Fig. 73.   toutes les paraboles tombent de part & d'autre de leur axe dans une position semblable à celle de la parabole ordinaire. Mais si le numérateur & dénominateur sont chacun impair; elles ont une position renversée de part & d'autre de leur axe, en sorte que leur sommet A est un point d'infléxion,
Fig. 77.   comme la premiere parabole cubique $x = y^{\frac{3}{2}}$ ou $aax = y^3$. Enfin si le numérateur étant impair, le dénominateur est pair; elles ont une position renversée du même côté de leur axe, en sorte que leur sommet A est un point
Fig. 76.   de rebroussement, comme la seconde parabole cubique $x = y^{\frac{3}{2}}$ ou $axx = y^3$. Tout cela suit de ce qu'une puissance paire ne peut pas avoir une valeur négative. Cela posé, il est évident,

Fig. 77.   1°. Que dans le point d'infléxion A, le rayon de la dévelopée peut être infiniment grand comme dans $aax = y^3$, ou infiniment petit comme dans $aax^3 = y^5$.

Fig. 76.   2°. Que dans le point de rebroussement A, le rayon de la dévelopée peut être ou infini comme dans $a^3 xx = y^5$, ou zero comme dans $axx = y^3$.

3°. Qu'il ne s'enſuit pas de ce que le rayon de la déve- Fɪɢ. 73.
lopée eſt infini ou zero, que les courbes ayent alors un
point d'infléxion ou de rebrouſſement. Car dans $a^3 x = y^4$
il eſt infini, dans $ax^3 = y^4$ il eſt nul ; & cependant ces paraboles tombent de part & d'autre de leur axe dans une poſition ſemblable à celle de la parabole ordinaire.

E X E M P L E   IV.

89. Sᴏɪᴛ la courbe AMD une Hyperbole ou une Ellip- Fɪɢ. 78. 79.
ſe qui ait pour axe AH (a), & pour parametre AF (b).

On aura par la proprieté de ces lignes $y = \sqrt{\dfrac{abx \overline{+} bxx}{\sqrt{a}}}$,

$$dy = \frac{abdx \overline{+} 2bxdx}{2\sqrt{aabx \overline{+} abxx}}, \quad \& \quad ddy = \frac{- a^3 bbdx^2}{4aabx \overline{+} 4abxx \sqrt{aabx \overline{+} abxx}} \cdot \text{Si}$$

donc l'on met ces valeurs dans $\dfrac{\overline{dx^2 + dy^2}\sqrt{dx^2 + dy^2}}{- dxddy}$ expreſſion générale de *MC, on trouvera dans ces deux courbes MC *Art. 78.

$$= \frac{\overline{aabb \overline{+} 4abbx \overline{+} 4bbxx \overline{+} 4aabx \overline{+} 4abxx}\sqrt{aabb \overline{+} 4abbx \overline{+} 4bbxx \overline{+} 4aabx \overline{+} 4abxx}}{2a^3 bb}$$

$$= \frac{4M\mathcal{Q}^3}{bb}, \text{ puiſque de part \& d'autre } M\mathcal{Q} \left(\frac{y\sqrt{dx^2 + dy^2}}{dx} \right)$$

$$= \frac{\sqrt{aabb \overline{+} 4abbx \overline{+} 4bbxx \overline{+} 4aabx \overline{+} 4abxx}}{2a}. \text{ Ce qui donne cette}$$

conſtruction qui ſert auſſi pour la Parabole.

Soit priſe MC quadruple de la quatriéme continüellement proportionnelle au parametre AF & à la perpendiculaire $M\mathcal{Q}$ terminée par l'axe ; le point C ſera à la dévelopée.

Si l'on fait $x = 0$, on aura *$AB = \frac{1}{2} b$. Et ſi l'on fait dans   * *Art. 83.*
l'Ellipſe $x = \frac{1}{2} a$, on trouvera $DG = \dfrac{a\sqrt{ab}}{2b}$, c'eſt-à-dire Fɪɢ. 79.
égal à la moitié du parametre du petit axe. D'où l'on voit
que dans l'ellipſe la dévelopée BCG ſe termine en un point
G du petit axe DO où elle forme un point de rebrouſſement ; au lieu que dans la parabole & l'hyperbole elle
s'étend à l'infini.

Si $a = b$ dans l'Ellipse, il vient $MC \frac{1}{2} a$; d'où il suit que tous les rayons de la dévelopée sont égaux entr'eux,& qu'elle ne sera par-conséquent qu'un point : c'est-à-dire que l'ellipse devient en ce cas un cercle qui a pour dévelopée son centre. Ce que l'on sçait d'ailleurs être veritable.

E X E M P L E V.

Fig. 80.

90. **S**oit la courbe AMD une logarithmique ordinaire, dont la nature est telle qu'ayant mené d'un de ses points quelconque M la perpendiculaire MP sur l'asymptote BF, & la tangente MT; la soutangente PT soit toûjours égale à la même droite donnée a.

On a donc $PT\left(\frac{ydx}{dy}\right) = a$, d'où l'on tire $dy = \frac{ydx}{a}$, dont la différence donne, en prenant dx pour constante, $ddy = \frac{dydx}{a}$

*Art. 77.

$= \frac{ydx^2}{aa}$; & mettant ces valeurs dans $\frac{dx^2 + dy^2}{-ddy}$, on trouve* $ME = \frac{-aa-yy}{y}$; & partant EC ou $PK = \frac{-aa-yy}{a}$. Ce qui donne cette construction.

Soit prise PK égale à TQ du même côté de T, parce que sa valeur est négative; & soit menêe KC parallele à PM: je dis qu'elle rencontrera la perpendiculaire MC au point cherché C. Car $TQ = \frac{aa+yy}{a}$.

Si l'on veut que le point M soit celuy de la plus grande courbure, on se servira de la formule $dx^2dddy + dy^2dddy$

*Art. 86.

$-3dyddy^2 = o$, que l'on a trouvée * dans l'exemple second; & mettant pour dy, ddy, $dddy$, leurs valeurs $\frac{ydx}{a}$, $\frac{ydx^2}{aa}$, $\frac{ydx^3}{a^3}$, on trouvera $PM\ (y) = a\sqrt{\frac{1}{2}}$.

Il est clair, en prenant dx pour constante, que les appliquées y sont entr'elles comme leurs différences dy ou $\frac{ydx}{a}$; d'où il suit qu'elles font aussi une progression geométrique. Car si l'on conçoit que l'asymptote ou l'axe PK soit divisé en un nombre infini de petites parties égales Pp ou MR, pf ou mS, fg ou nH, &c. comprises entre les

appli-

appliquées *PM, pm, fn, go,* &c. l'on aura *PM. pm :: Rm. Sn
:: PM + Rm* ou *pm. pm + Sn* ou *Fn.* On prouve de même
que *pm. fn :: fn. go.* & ainsi de suite. Les appliquées *PM,
pm, fn, go,* &c. feront donc entr'elles une progreffion geométrique.

EXEMPLE VI.

91. SOIT la courbe *AMD* une logarithmique fpirale, FIG. 81.
dont la nature eft telle qu'ayant mené d'un de fes points
quelconque *M* au point fixe *A,* qui en eft le centre, la
droite *MA* & la tangente *MT;* l'angle *AMT* foit par tout
le même.

L'angle *AMT* ou *AmM* étant conftant, la raifon de *mR*
(*dy*) à *RM (dx)* fera auffi conftante. Il faut donc que
la différence de $\frac{dy}{dx}$ foit nulle; ce qui donne (en fuppofant *dx* conftante) *ddy = o.* C'eft-pourquoy effaçant le ter-
me *yddy* dans $\frac{y\,dx^2 + y\,dy^2}{ax^2 + dy^2 - yddy}$ expreffion * générale de *ME*   *Art. 77.
lorfque les appliquées partent toutes d'un même point,
on trouve *ME = y,* c'eft-à-dire *ME = AM.* Ce qui donne
cette conftruction.

Soit menée *AC* perpendiculaire fur *AM,* & qui rencontre en *C* la droite *MC* perpendiculaire à la courbe; le
point *C* fera à la dévelopée *ACB.*

Les angles *AMT, ACM* font égaux, puifqu'étant joints
l'un & l'autre au même angle *AMC* ils font un angle
droit. La dévelopée *ACG* fera donc la même logarithmique fpirale que la donnée *AMD,* & elle n'en différera
que par fa pofition.

Si l'on fuppofe que le point *C* de la dévelopée *ACG*
étant donné, il faille déterminer la longueur *CM* de fon
rayon en ce point, qui * eft égal à la portion *AC* qui fait   *Art. 75.
une infinité de retours avant que de parvenir en *A;* il
eft clair qu'il n'y a qu'à mener *AM* perpendiculaire fur
AC. De forte que fi l'on mene *AT* perpendiculaire fur

M

AM, la tangente MT sera aussi égale à la portion AM de la logarithmique spirale donnée AMD.

Si l'on conçoit une infinité d'appliquées AM, Am, An, Ao, &c. qui fassent entr'elles des angles infiniment petits & égaux; il est clair que les triangles MAm, mAn, nAo, &c. feront semblables, puisque les angles en A sont égaux, & que par la proprieté de la logarithmique, les angles en m, n, o, &c. le font aussi. Et partant $AM.Am :: Am.An$. Et $Am.An :: An.Ao$. & ainsi de suite. D'où l'on voit que les appliquées AM, Am, An, Ao, &c. font une progression géométrique lorsqu'elles font entr'elles des angles égaux.

E X E M P L E VII.

92. Soit la courbe AMD une des spirales à l'infini, formée dans le sécteur BAD avec une proprieté telle qu'ayant mené un rayon quelconque AMP, & ayant nommé l'arc entier BPD, b; sa partie BP, z; le rayon AB ou AP, a; & sa partie AM, y; on ait cette proportion $b, z :: a^m . y^m$.

L'équation à la spirale AMD est $y^m = \frac{a^m z}{b}$, dont la différence donne $my^{m-1} dy = \frac{a^m dz}{b}$. Or à cause des sécteurs semblables AMR, APp, l'on aura $AM\,(y).\,AP\,(a) :: MR\,(dx).\,Pp\,(dz) = \frac{a dx}{y}$. Mettant donc cette valeur à la place de dz dans l'équation que l'on vient de trouver, on aura $my^m dy = \frac{a^{m+1} dx}{b}$ dont la différence (en prenant dx pour constante) est $mmy^{m-1} dy^2 + my^m ddy = 0$; d'où en divisant par my^{m-1}, l'on tire $-yddy = mdy^2$; & partant ME*

$\left(\frac{ydx^2 + ydy^2}{dx^2 + dy^2 - yddy} \right) = \frac{ydx^2 + ydy^2}{dx^2 + \overline{m+1}\, dy^2}$; ce qui donne cette construction.

Soit menée par le centre A la droite TAQ perpendiculaire sur AM, & qui rencontre en T la tangente MT, & en Q la perpendiculaire MQ; soit fait $TA + \overline{m+1}\, AQ$.

$TQ :: MA.\ ME.$ Je dis que menant EC parallele à TQ, elle ira rencontrer MQ en un point C qui sera à la dévelopée.

Car à cause des paralleles MRG, TAQ, l'on aura $MR\ (dx)$

$$+ \overline{m+1}\ RG\ \left(\frac{dy^2}{dx}\right).\ MG\left(dx + \frac{dy^2}{dx}\right) :: TA + \overline{m+1}\ AQ.$$

$$TQ :: AM\ (y).\ ME = \frac{y\,dx^2 + y\,dy^2}{dx^2 + \overline{m+1}\,dy^2}.$$

EXEMPLE VIII.

93. Soit AMD un demi-roulette simple, dont la base BD est égale à la demi-circonférence BEA du cercle générateur.   Fig. 83.

Ayant nommé AP, x ; PM, y ; l'arc AE, u ; & le diametre $AB, 2a$; l'on aura par la proprieté du cercle $PE = \sqrt{2ax - xx}$; & par celle de la roulette $y = u$

$+ \sqrt{2ax - xx}$, dont la différence donne $dy = du + \dfrac{a\,dx - x\,dx}{\sqrt{2ax - xx}}$

$= \dfrac{2a\,dx - x\,dx}{\sqrt{2ax - xx}}$ ou $dx\sqrt{\dfrac{2a - x}{x}}$, en mettant pour du sa va-

leur $\dfrac{a\,dx}{\sqrt{2ax - xx}}$; en supposant dx constante, $ddy = \dfrac{-a\,dx^2}{x\sqrt{2ax - xx}}$;

& en mettant ces valeurs dans $\dfrac{dx^2 + dy^2\sqrt{dx^2 + dy^2}}{-ax\,ddy}$, il vient *   *Art. 78.

$MC = 2\sqrt{4aa - 2ax}$, c'est-à-dire $2BE$ ou $2MG$.

Si l'on fait $x = 0$, l'on aura $AN = 4a$ pour rayon de la dévelopée dans le sommet A. Mais si l'on fait $x = 2a$, on trouvera que le rayon de la dévelopée au point D devient nul ou zero ; d'où l'on voit que la dévelopée a son origine en D, & qu'elle se termine en N en sorte que $BN = BA$.

Pour sçavoir la nature de cette dévelopée, il n'y a qu'à achever le réctangle BS, décrire le demi-cercle DIS qui a pour diametre DS, & mener DI parallele à MC ou à BE. Cela fait, il est clair que l'angle BDI est égal à l'angle EBD ; & par-conséquent que les arcs DI, BE sont égaux entr'eux ; d'où il suit que leurs cordes DI, BE ou GC sont

auſſi égales. Si donc l'on fait IC, elle ſera égale & parallele à DG, qui par la génération de la roulette eſt égale
à l'arc BE ou DI; & partant la dévelopée DCN eſt une
demi-roulette qui a pour baſe la droite NS égale à la
demi-circonférence DIS de ſon cercle générateur : c'eſt-
à-dire que c'eſt la demi-roulette même $AMDB$ poſée dans
une ſituation renverſée.

C O R O L L A I R E.

*Art. 75.

94. Il eſt clair *que la portion de roulette DC eſt double de ſa tangente CG, ou de la corde correſpondante
DI. Et la demi-roulette DCN double du diametre BN
ou DS de ſon cercle générateur.

A U T R E S O L U T I O N.

95. On peut encore trouver la longueur du rayon MC
ſans aucun calcul, en cette ſorte. Ayant imaginé une autre perpendiculaire mC infiniment proche de la premiére, une autre parallele me, une autre corde Be, & décrit des centres C, B les petits arcs GH, EF, on formera les
triangles réctangles GHg, EFe qui ſeront égaux & ſemblables ; car $Gg = Ee$, puiſque BG ou ME eſt égal à l'arc
AE, & de même Bg ou me eſt égal à l'arc Ae; de plus
Hg ou $mg — MG = Fe$ ou $Be — BE$; GH ſera donc égal à
EF. Or les perpendiculaires MC, mC, étant paralleles aux
cordes EB, eB, l'angle MCm ſera égal à l'angle EBe. Donc
puiſque les arcs GH, EF, qui meſurent ces angles, ſont é-
gaux, il s'enſuit que leurs rayons CG, BE ſeront auſſi égaux;
& partant que MC doit être priſe double de MG ou de BE.

L E M M E.

96. S'il y a un nombre quelconque de quantités a, b, c,
d, e, &c. ſoit que ce nombre ſoit fini ou infini, ſoit que ces
quantités ſoient des lignes, ou des ſurfaces, ou des ſolides;
la ſomme a — b + b — c + c — d + d — e, &c. de toutes
leurs différences eſt égale à la plus grande a, moins la plus

petite e, *ou simplement à la plus grande lorsque la plus petite est zero.* Ce qui est visible.

COROLLAIRE I.

97. LES sécteurs CMm, CGH étant semblables, il est clair que Mm est double de GH ou de son égale EF; & comme cela arrive toûjours en quelque endroit que l'on suppose le point M, il s'ensuit que la somme de tous les petits arcs Mm, c'est-à-dire la portion Am de la demi-roulette AMD, est double de la somme de tous les petits arcs EF. Or le petit arc EF fait partie de la corde AE perpendiculaire sur BE, & est la différence des cordes AE, Ae, parce que la petite droite eF perpendiculaire sur Ae peut être considerée comme un petit arc décrit du centre A; & partant la somme de tous les petits arcs EF dans l'arc AZE sera la somme des différences de toutes les cordes AE, Ae, &c. dans cet arc, c'est-à-dire par le Lemme qu'elle sera égale à la corde AE. Il est donc évident que la portion AM de la demi-roulette AMD est double de la corde correspondante AE.

COROLLAIRE II.

98. L'ESPACE $MGgm$ * où le trapéze $MGHm$ * *Art. 2.*
$$= \tfrac{1}{2} Mm + \tfrac{1}{2} GH \times MG = \tfrac{3}{2} EF \times BE,$$ c'est-à-dire qu'il est triple du triangle EBF ou EBe; d'où il suit que l'espace $MGBA$ somme de tous ces trapézes, est triple de l'espace circulaire $BEZA$ somme de tous ces triangles.

COROLLAIRE III.

99. NOMMANT BP, z; l'arc AZE ou EM ou BG, u; & le rayon KA, a; l'on aura le parallelélogramme $MGBE = uz$. Or l'espace de la roulette $MGBA = 3BEZA = 3EKB + \tfrac{3}{2} au$; & partant l'espace $AMEB$ renfermé par la portion de roulette AM, la parallele ME, la corde BE & le diametre AB, est $= 3EKB + \tfrac{3}{2} au - uz$. D'où il suit que si l'on prend

M iij

BP $(z) = \frac{3}{2} a$, l'efpace $AMEB$ fera triple du triangle correfpondant EKB; & aura par-conféquent fa quadrature
indépendante de celle du cercle. Ce que M. *Hugens* a re-
marqué le premier. Voici encore une autre forte d'efpace qui a la même proprieté.

Si l'on retranche de l'efpace $AMEB$ le fegment $BEZA$,
il reftera l'efpace $AZEM = 2EKB + au - uz$; d'où l'on
voit que fi le point P tombe au centre K, l'efpace $AZEM$
fera égal au quarré du rayon. Il eft évident qu'entre tous
les efpaces $AMEB$ & $AZEM$, il n'y a que les deux que
l'on vient de déterminer qui ayent leur quadrature abfoluë indépendante de celle du cercle.

Exemple IX.

100. Soit la demi-roulette AMD décrite par la révolution du demi-cercle AEB autour d'un autre cercle immobile BGD; & qu'il faille déterminer fur la perpendiculaire MG donnée de pofition, le point où elle touche la
dévelopée.

Pour fe fervir des formules générales il faudroit prendre pour les appliquées de la courbe AMD, des lignes
droites perpendiculaires fur l'axe OA, & chercher enfuite
une équation qui exprimât la relation des coupées aux
appliquées, ou de leurs différences. Mais comme le calcul en feroit fort pénible, il vaut beaucoup mieux dans
ces fortes de rencontres en tenter la folution en fe fer-
vant de la génération même.

Lorfque le demi-cercle AEB eft parvenu dans la pofition MGB dans laquelle il touche en G la bafe BD; & que
le point décrivant A tombe fur le point M de la demi-
roulette AMD: il eft clair,

1°. Que l'arc GM eft égal à l'arc GD, comme auffi l'arc
GB du cercle mobile à l'arc GB du cercle immobile.

2°. Que MG eft * perpendiculaire fur la courbe; car confidérant la demi-circonférence MGB ou AEB & la bafe BGD
comme l'affemblage d'une infinité de petites droites égales

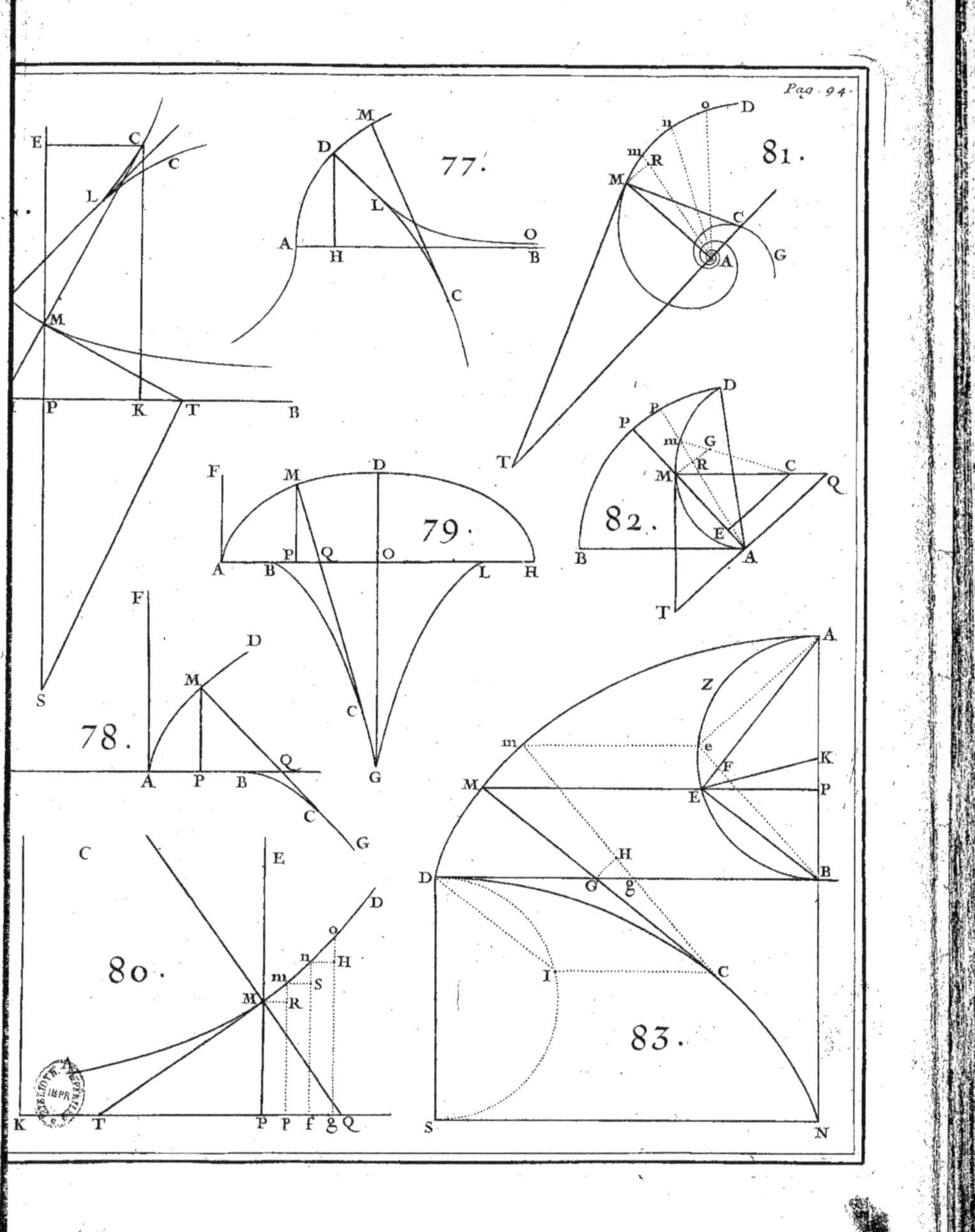
77.
78.
79.
80.
81.
82.
83.

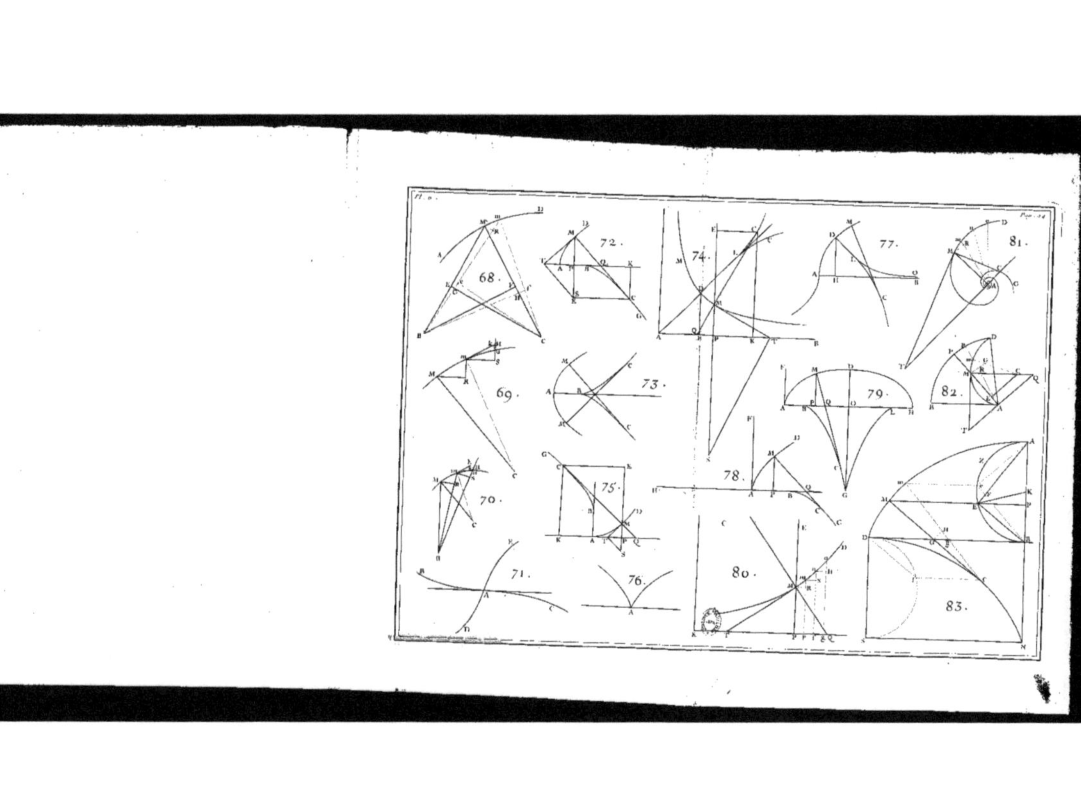

chacune à fa correfpondante, il eft manifefte que la demi-
roulette *AMD* fera l'affemblage d'une infinité de petits
arcs qui auront pour centres fucceffivement tous les points
touchans *G*, & qui feront décrits chacun par le même
point *M* ou *A*.

3°· Que fi l'on décrit du centre *O* du cercle immobile
l'arc concentrique *ME*; les arcs *MG*, *EB* du cercle mobile
feront égaux entr'eux, auffi-bien que leurs cordes *MG*, *EB*
& les angles *OGM*, *OBE*. Car les droites *OK*, *OK* qui joignent les centres des deux cercles font égales, puifqu'elles
paffent par les points touchans *B*, *G*; c'eft-pourquoy menant les rayons *OM*, *OE* & *KE*, on formera les triangles
OKM, *OKE* égaux & femblables. L'angle *OKM* étant donc
égal à l'angle *OKE*; les arcs *MG*, *BE* des demi-cercles é-
gaux *MGB*, *BEA*, qui mefurent ces angles, feront égaux,
comme auffi leurs cordes *MG*, *EB*; d'où il fuit que les angles *OGM*, *OBE* le feront auffi.

Cela pofé, foit entenduë une autre perpendiculaire *mC* Fɪɢ. 85.
infiniment proche de la premiere, un autre arc concentrique *me*, & une autre corde *Be*; foient décrits des centres
C, *B*, les petits arcs *GH*, *EF*. Les triangles rédangles *GHg*,
EFe feront égaux & femblables; car *Gg* ou *Dg* — *DG*
== *Ee* ou à l'arc *Be* — l'arc *BE*, de plus *Hg* ou *mg* — *MG*
== *Fe* ou à *Be* — *BE*. Le petit arc *GH* fera donc égal au
petit arc *EF*; d'où il fuit que l'angle *GCH* eft à l'angle
EBF, comme *BE* eft à *CG*. Ainfi toute la difficulté fe réduit à trouver le rapport de ces angles. Ce qui fe fait
en cette forte.

Ayant mené les rayons *OG*, *Og*, *KE*, *Ke*, & nommé *OG* ou
OB, *b*; *KE* ou *KB* ou *KA*, *a*; il eft clair que l'angle *EBc* == *OBe*
— *OBE* == *Ogm* — *OGM* == (en menant *GL*, *GV* paralleles
à *Cm*, *Og*) *LGM* — *OGV* == *GCH* — *GOg*. On aura donc
l'angle *GCH* == *GOg* + *EBF*. Or les arcs *Gg*, *Ee* étant égaux,
l'on aura auffi *GOg*. *EKe* ou *2EBF* :: *KE* (*a*). *OG* (*b*). &
partant l'angle $GOg = \frac{2a}{b} EBF$, & $GCH = \frac{2a+b}{b} EBF$.

Donc *GCH*. *EBF* ou *BE*. *CG* :: $\frac{2a+b}{b}$. *1*. & partant l'inconnuë $CG = \frac{b}{2a+b}$ BE ou MG. Ce qui donne cette conſtruction.

FIG. 86.   Soit fait OA $(2a+b)$. OB (b) $::$ MG. GC. le point C ſera à la dévelopée.

Il eſt clair 1°. Que cette dévelopée commence au point D, & qu'elle y touche la baſe BGD; puiſque l'arc GM devient en ce point infiniment petit. 2°. Qu'elle ſe termine au point N, en ſorte que OA. OB $::$ AB. BN $::$ $OA — AB$ ou OB. $OB — BN$ ou ON. c'eſt-à-dire que OA, OB, ON ſont continüellement proportionnelles. 3°. Si l'on décrit à préſent le cercle NSQ du centre O, je dis que la dévelopée DCN eſt formée par la révolution du cercle mobile GCS, qui a pour diametre GS ou BN, autour de l'immobile NSQ: c'eſt-à-dire qu'elle eſt une demi-roulette ſemblable à la propoſée, ou de même eſpece (parce que les diametres AB, BN des cercles mobiles ont entr'eux le même rapport que les rayons OB, ON des cercles immobiles), & poſée dans une ſituation renverſée en ſorte que ſon ſommet eſt en D. Pour le prouver, ſuppoſons que les diametres des cercles mobiles ſe trouvent ſur la droite OT menée à diſcrétion du centre O ; elle paſſera par les points touchans S, G; & faiſant AB ou TG. BN ou GS $::$ MG. GC. le point C ſera à la dévelopée, & de plus à la circonférence du cercle GCS ; car l'angle GMT étant droit, l'angle GCS le ſera auſſi. Or à cauſe des angles égaux MGT, CGS, l'arc TM ou GB eſt à l'arc CS, comme le diametre GT au diametre GS $::$ OG. OS $::$ GB. NS. & partant les arcs CS, SN ſont égaux. Donc, &c.

COROLLAIRE I.

*Art.75.   101. **I**L eſt clair *que la portion de roulette DC eſt égale à la droite CM; & partant que DC eſt à ſa tangente CG $::$ $AB+BN$. BN $::$ $OB+ON$. ON. c'eſt-à-dire comme la ſomme des diametres des deux cercles générateurs, ou des cercles mobile & immobile, eſt au rayon du cercle immobile. Cette verité ſe découvre encore de la maniére

niére qui suit. A cause des triangles semblables CMm, CGH, Fig. 85.
l'on aura $Mm. GH$ ou $EF :: MC. GC :: OA + OB\ (2a + 2b)$.
$OB\ (b)$. D'où il suit (comme dans l'art. 97.) que la portion
de roulette AM est à la corde correspondante AE, comme
la somme des diametres du cercle générateur & de la base,
est au rayon de la base.

COROLLAIRE II.

102. LE trapéze $MGHm = \overline{\frac{1}{2} GH + \frac{1}{2} Mm} \times MG$. Or Fig. 85.
$CG\left(\frac{b}{2a + b} MG\right). CM\left(\frac{2a + 2b}{2a + b} MG\right) :: GH. Mm = \frac{2a + 2b}{b} GH$.
Donc puisque $GH = EF$, & $MG = EB$, l'on aura $MGHm$
$= \frac{2a + 3b}{2b} EF \times EB$: c'est-à-dire que le trapéze $MGHm$ sera
toûjours au triangle correspondant $EBF :: 2a + 3b. b$.

D'où il suit que l'espace $MGBA$ renfermé par MG, AB
perpendiculaires à la roulette, par l'arc BG & par la portion de roulette MA, est au segment de cercle correspondant $BEZA :: 2a + 3b. b$.

COROLLAIRE III.

103. IL est visible que la quadrature indéfinie de la rou- Fig. 87.
lette dépend de la quadrature du cercle : mais si l'on
prend OQ moyenne proportionnelle entre OK, OA, &
qu'on décrive de ce rayon l'arc QEM ; je dis que l'espace $ABEM$ renfermé par le diametre AB, la corde BE,
l'arc EM, & par la portion de roulette AM, est au triangle $EKB :: 2a + 3b. b$. Car nommant l'arc AE ou GB, u;
le rayon OQ, z ; l'on aura $OB\ (b). OQ\ (z) :: GB\ (u)$.
RQ ou $ME = \frac{uz}{b}$. & partant l'espace $RGBQ$ ou $MGBE$,
c'est-à-dire $\overline{\frac{1}{2} GB + \frac{1}{2} RQ} \times BQ = \frac{zzu - bbu}{2b}$. Or*l'espace de *Art. 102.
la roulette $MGBA = \frac{2a + 3b}{b} \times BEZA = \frac{2a + 3b}{b} \times EKB + \frac{2a + 3b}{b}$
$\times KEZA\left(\frac{au}{2}\right)$. Si donc l'on retranche le précédent espace de
celui-ci, il restera $ABEM = \frac{2aau + 3abu + bbu - zzu}{2b} + \frac{2a + 3b}{b} \times EKB$

$= \frac{2a + 3b}{b}$ EKB, puisque par la construction $zz = 2aa + 3ab + bb$. D'où l'on voit que cet espace a sa quadrature indépendante de celle du cercle, & qu'il est le seul parmi tous ses semblables.

En voici encore un autre qui a la même proprieté. Si l'on retranche de l'espace $ABEM$ le segment $BEZA$ ($\frac{1}{2}$ au $+ EKB$), il restera l'espace $AZEM = \frac{2aau + 2abu + bbu - zzu}{2b}$ $+ \frac{2a + 2b}{b} EKB = \frac{2a + 2b}{b} EKB$ en faisant $zz = 2aa + 2ab + bb$: c'est-à-dire que si l'on divise la demi-circonférence en deux également au point E, l'espace $AZEM$ sera au double du triangle EKB, c'est-à-dire au quarré du rayon $:: OK (a+b). OB (b)$.

C O R O L L A I R E   IV.

Fig. 88.

104. SI le cercle mobile AEB roule au dedans de l'immobile BGD, son diametre AB devient négatif de positif qu'il étoit auparavant; & partant il faut changer de signes les termes où il se rencontre avec une dimension impaire. D'où il suit, 1°. Que si l'on mene à discrétion la perpendiculaire MG à la roulette, & que l'on fasse OA

* Art. 100.

($b - 2a$). $OB (b) :: MG. GC.$ le point C sera * à la dévelopée DCN décrite par la révolution du cercle qui a pour diametre BN, au dedans de la circonférence NS concentrique à BD. 2°. Que si l'on décrit du centre O l'arc ME,

* Art. 101.

la portion de roulette AM sera * à la corde $AE :: 2b - 2a. b$.

* Art. 102.

3°. Que l'espace $MGBA$ est * au segment $BEZA = 3b - 2a. b$. 4°. Que si l'on prend $OQ = \sqrt{2aa - 3ab + bb}$, c'est-à-dire moyenne proportionnelle entre OK, OA; l'espace $ABEM$ renfermé par la portion de roulette AM, l'arc ME, la cor-

* Art. 103.

de EB, & le diametre AB, sera * au triangle $EKB :: 3b - 2a. b$.

Mais que si l'on fait OQ ou $OE = \sqrt{2aa - 2ab + bb}$, c'est-à-dire que l'arc AE soit le quart de la circonférence; l'espace $AZEM$ renfermé par la portion AM de roulette & par les deux arcs ME, AE, sera * au triangle EKB qui est

* Ibid.

en ce cas la moitié du quarré du rayon $:: 2b - 2a. b$.

COROLLAIRE V.

105. Si l'on conçoit que le rayon OB du cercle immobi- Fig. 86. 88.
le devienne infini, l'arc BGD deviendra une ligne droite, &
la courbe AMD deviendra la roulette ordinaire. Or comme dans ce cas le diametre AB du cercle mobile eſt nul par
rapport à celuy de l'immobile; il s'enſuit, 1°. Que $MG. GC$
$:: b. b.$ Puiſque $b \pm 2a = b$, c'eſt-à-dire que $MG = GC$;
& partant que ſi l'on prend $BN = AB$, & qu'on mene la
droite NS parallele à BD, la dévelopée DCN ſera formée par la révolution du cercle, qui a pour diametre
BN, ſur la baſe NS. 2°. Que la portion de roulette AM Fig. 85. 88.
eſt à la corde correſpondante $AE :: 2b. b.$ 3°. Que l'eſpa-
ce $MGBA$ eſt au ſegment $BEZA :: 3b. b.$ 4°. Puiſque $B\mathcal{Q}$ Fig. 87. 88.
ou $\pm O\mathcal{Q} \mp OB$, que j'appelle x, eſt $= \mp b \pm \sqrt{2aa \pm 3ab + bb}$,
d'où l'on tire (en ôtant les incommenſurables) $xx \pm 2bx$
$= 2aa \pm 3ab$; l'on aura en $x = \frac{3}{2}a$, effaçant les termes
où b ne ſe rencontre point, parce qu'ils ſont nuls par rapport aux autres. C'eſt-à-dire que ſi l'on prend dans la roulette ordinaire $BP = \frac{3}{4}AB$, & qu'on mene la droite PEM Fig. 85.
parallele à la baſe BD; l'eſpace $AMEB$ ſera triple du triangle
EKB. On trouvera en opérant de la même maniére, que
ſi le point P tombe au centre K, l'eſpace $AZEM$ renfermé
par la portion de roulette AM, la droite ME, & l'arc AE,
ſera égal au quarré du rayon. Ce que l'on a déja démontré ci-devant art. 99.

REMARQUE.

106. Comme les arcs DG, GM ſont toûjours égaux Fig. 84.
entr'eux, il s'enſuit que l'angle DOG eſt auſſi toûjours à l'angle $GKM :: GK. OG$. C'eſt-pourquoy l'origine D de la roulette DMA, les rayons OG, GK des cercles générateurs, & le
point touchant G étant donnés, ſi l'on veut déterminer dans
cette poſition le point M qui décrit la roulette, il ne faut que

tirer le rayon *KM* en forte que l'angle *GKM* foit à l'angle donné *DOG* :: *OG. GK.* Or je dis maintenant que cela fe peut toûjours faire geométriquement lorfque le raport de ces rayons fe peut exprimer par nombres; & partant que la roulette *DMA* eft alors geométrique.

Car fuppofant, par éxemple, que *OG. GK* :: *13. 5*; il eft clair que l'angle *MKG* doit contenir deux fois l'angle donné *DOG* & de plus $\frac{3}{5}$ de cet angle. Toute la difficulté fe réduit donc à divifer l'angle *DOG* en cinq parties égales. Or c'eft une chofe connuë parmi les Geométres, qu'on peut toûjours divifer geométriquement un angle ou un arc donné en tant de parties égales qu'on voudra; puifqu'on arrive toûjours à quelque équation qui ne renferme que des lignes droites. Donc, &c.

Je dis de plus que la roulette *DMA* eft mécanique, ou ce qui eft la même chofe, qu'on ne peut déterminer geométriquement fes points *M* lorfque la raifon de *OG* à *KG* ne fe peut exprimer par nombres, c'eft-à-dire lorfqu'elle eft fourde.

Fig. 89.   Car toute ligne, foit mécanique foit geométrique, ou rentre en elle-même ou s'étend à l'infini; puifqu'on peut toûjours en continüer la génération. Si donc le cercle mobile *ABC* décrit par fon point *A* dans fa premiére révolution la roulette *ADE*, cette roulette ne fera pas encore finie, & continüant toûjours de rouler il décrira la feconde *EFG*, puis la troifiéme *GHI*, & ainfi de fuite jufqu'à ce que le point décrivant *A* retombe aprés plufieurs révolutions dans le même point d'où il étoit parti. Et pour lors fi on recommence à rouler le cercle mobile *ABC*, il décrira derechef la même ligne courbe, de forte que toutes ces roulettes prifes enfemble ne compofent qu'une feule courbe *ADEFGHI*, &c. Or les rayons des cercles générateurs étant incommenfurables, leurs circonférences le feront auffi; & par-conféquent le point décrivant *A* du cercle mobile *ABC* ne poura jamais retomber dans le point *A* de l'immobile, d'où il étoit parti, fi grand que puiſſe être le nombre des révolutions. Il y aura donc une infinité de roulettes qui ne formeront cependant qu'une même ligne courbe *ADEFGHI*, &c. Maintenant ſi l'on mene au travers du cercle immobile une ligne droite indéfinie, il eſt clair qu'elle coupera la courbe continüée à l'infini en une infinité de points. Or comme l'équation qui exprime la nature d'une ligne geométrique doit avoir au moins autant de dimenſions que cette ligne peut être coupée en de différens points par une droite ; il s'enſuit que l'équation qui exprimeroit la nature de cette courbe auroit une infinité de dimenſions. Ce qui ne pouvant être, on voit évidemment que la courbe doit être mécanique ou tranſcendente.

PROPOSITION III.

Problême.

107. La *ligne courbe* BFC *étant donnée, trouver une infi-* Fig. 90. *nité de lignes* AM, BN, EFO, *dont elle ſoit la dévelopée commune.*

Si l'on dévelope la courbe *BFC* en commençant par le point *A*, il eſt clair que tous les points *A*, *B*, *F* du fil *ABFC* décriront dans ce mouvement des lignes courbes *AM*, *BN*, *FO*, qui auront toutes pour dévelopée commune la courbe donnée *BFC*. Mais il faut obſerver que la ligne *FO* n'ayant pour dévelopée que la partie *FC*, ſon origine n'eſt pas en *F* ; & que pour la trouver, il faut déveloper la partie reſtante *BF* en commençant au point *F* pour décrire la portion *EF* de la courbe *EFO* dont l'origne eſt en *E*, & qui a pour dévelopée la courbe entiére *BFC*.

Si l'on veut trouver les points *M*, *N*, *O* ſans ſe ſervir du fil *ABFC*, il n'y a qu'à prendre ſur une tangente quelconque *CM* autre que *BA*, les parties *CM*, *CN*, *CO* égales à *ABFC*, *BFC*, *FC*.

C O R O L L A I R E.

108. Il est évident, 1°. Que les courbes AM, BN, EFO sont d'une nature tres-différente entr'elles; puisque la courbe AM a dans son sommet A le rayon de sa dévelopée égal à AB, au lieu que celuy de la courbe BN est nul. Il est visible aussi par la figure même de la courbe EFO qu'elle est tres-différente des courbes AM, BN.

2°. Que les courbes AM, BN, EFO ne sont geométriques que lorsque la donnée BFC est geométrique & de plus réctifiable. Car si elle n'est pas geométrique, en prenant BK pour la coupée, on ne trouvera point geométriquement l'appliquée KC : & si elle n'est pas rectifiable, ayant mené la tangente CM, on ne pourra déterminer geométriquement les points M, N, O des courbes AM, BN, EFO; puisqu'on ne peut trouver geométriquement des lignes droites égales à la ligne courbe BFC, & à ses portions BF, FC.

R E M A R Q U E.

Fig. 91.

109. Si l'on dévelope une ligne courbe BAC qui ait un point d'infléxion en A, en commençant par le point D autre que le point d'infléxion; on formera par le dévelopement de la partie BAD la partie DEF; & par celuy de la partie DC, la partie restante DG : de sorte que $FEDG$ sera la courbe entiere formée par le dévelopement de BAC. Or il est visible que cette courbe rebrousse chemin aux points D & E, avec cette différence qu'au point de rebroussement D les parties DE, DG ont leur convexité opposée l'une à l'autre; au lieu qu'au point E les parties DE, EF sont concaves vers le même côté. On a enseigné dans la section précédente à trouver les points de rebroussement tels que D : il est question maintenant de déterminer les points E, qu'on peut appeller points de rebroussement de la seconde sorte, & que personne, que je sçache, n'a encore consideré.

Pour en venir à bout, on menera à discretion sur la

partie *DE* deux perpendiculaires *MN, mn,* terminées par la
dévelopée aux points *N, n,* par lefquels on tirera deux autres perpendiculaires *NH, nH* fur les premiéres *NM, nm;*
ce qui formera deux petits fécteurs *MNm, NHn* qui feront femblables, puifque les angles *MNm, NHn* font é-
gaux. On aura donc *Nn. Mm :: NH. NM.* Or dans le
point d'infléxion *A* le rayon *NH* devient * infini ou zero;   * *Art. 81.*
& le rayon *MN,* qui devient *AE,* demeure d'une grandeur
finie. Il faut donc qu'au point de rebrouffement *E* de la
feconde forte, la raifon de la différence *Nn* du rayon *MN*
de la dévelopée, à la différence *Mm* de la courbe, devienne
ou infiniment grande ou infiniment petite. Et partant

$$\text{puifque} *Nn = \frac{-3\,dx\,dy\,ddy^2\,\overline{dx^2 + dy^2}^{\frac{1}{2}} + dx\,dddy\,\overline{dx^2 + dy^2}^{\frac{3}{2}}}{dx^2\,ddy^2}, \&$$ * *Art. 86.*

$$Mm = \sqrt{dx^2 + dy^2}, \text{ l'on aura } \frac{dx^2\,dddy + dy^2\,dddy - 3\,dy\,ddy^2}{dx\,ddy^2} = 0$$

ou ∞ ; & multipliant par $dx\,ddy^2$, on trouvera la formule $dx^2\,dddy + dy^2\,dddy - 3\,dy\,ddy^2 = 0$ ou ∞, qui fervira à
déterminer les points de rebrouffement de la feconde
forte.

On peut encore concevoir qu'une rebrouffante *DEF*   Fig. 92. 93.
ou *HDEFG* de la feconde forte, ait pour dévelopée une
autre rebrouffante *BAC* de la feconde forte, telle que fon
point de rebrouffement *A* réponde au point de rebrouffement *E,* c'eft-à-dire qu'il foit fitué fur le rayon de la
dévelopée qui part du point *E.* Or il eft clair dans cette
fuppofition, que le rayon *EA* de la dévelopée fera toûjours un *plus petit* ou un *plus grand ;* & partant que la

différence de $\dfrac{\overline{dx^2 + dy^2}^{\frac{3}{2}}}{- dx\,ddy}$ expreffion générale * des rayons   * *Art. 78.*

de la dévelopée, doit être nulle ou infinie au point cherché *E ;* ce qui donne la même formule qu'auparavant : de
forte qu'elle eft générale pour trouver les points de rebrouffement de la feconde forte.

S E C T I O N VI.

Usage du calcul des différences pour trouver les Caustiques par refléxion.

D É F I N I T I O N.

FIG. 94. 95.   SI l'on conçoit qu'une infinité de rayons *BA, BM, BD*, qui partent d'un point lumineux *B*, se réfléchissent à la rencontre d'une ligne courbe *AMD*, en sorte que les angles de réfléxion soient égaux aux angles d'incidence; la ligne *HFN*, que touchent les rayons réfléchis ou leur prolongemens *AH, MF, DN*, est appellée *Caustique par re-fléxion*.

C O R O L L A I R E I.

FIG. 94.   110. SI l'on prolonge *HA* en *I*, de sorte que *AI═AB*, & que l'on dévelope la caustique *HFN* en commençant au point *I*; on décrira la courbe *ILK* telle que la tangen-

Art. 75.   te *FL* sera * continüellement égale à la portion *FH* de la caustique plus à la droite *HI*. Et si l'on conçoit deux rayons incident & réfléchi *Bm, mF* infiniment prés de *BM*, *MF*, & qu'ayant prolongé *Fm* en *l*, on décrive des centres *F, B* les petits arcs *MO, MR :* on formera les petits triangles rectangles *MOm, MRm*, qui seront semblables & égaux; car puisque l'angle *OmM ═ FmD ═ RmM*, & que de plus l'hypotenuse *Mm* est commune, les petits côtés *Om, Rm* seront égaux entr'eux. Or puisque *Om* est la dif-férence de *LM*, & *Rm* celle de *BM*, & que cela arrive toûjours en quelque endroit qu'on prenne le point *M;* il

Art. 96.   s'ensuit que *ML—IA* ou *AH+HF—MF* somme * de toutes les différences *Om* dans la portion de courbe *AM*,

Art. 96.   est═*BM—BA* somme * de toutes les différences *Rm* dans la même portion *AM*. Donc la portion *HF* de la causti-que *HFN* sera égale à *BM—BA+MF—AH*.

Il peut arriver différens cas, selon que le rayon inci-dent *BA* est plus grand ou moindre que *BM*, & que le
réfléchi

réfléchi *AH* dévelope ou envelope la portion *HF* pour parvenir en *MF* : mais l'on prouvera toûjours, comme l'on vient de faire, que la différence des rayons incidens est égale à la différence des rayons réfléchis, en joignant à l'un d'eux la portion de la caustique qu'il dévelope avant que de tomber sur l'autre. Par éxemple, $BM - BA = MF$ Fig. 95. $+ FH - AH$; d'où l'on tire $FH = BM - BA + AH - MF$.

Si l'on décrit du centre *B* l'arc de cercle *AP*; il est clair Fig. 94. 95. que *PM* sera la différence des rayons incidens *BM*, *BA*. Et si l'on suppose que le point lumineux *B* devienne infiniment éloigné de la courbe *AMD*; les rayons incidens *BA*, Fig. 96. *BM* deviendront paralleles, & l'arc *AP* deviendra une ligne droite perpendiculaire sur ces rayons.

COROLLAIRE II.

III. Si l'on conçoit que la figure *BAMD* soit renver- Fig. 94. sée sur le même plan, en sorte que le point *B* tombe sur le point *I*, & qu'ainsi la tangente en *A* de la courbe *AMD* dans sa premiére situation, la touche encore dans cette nouvelle; & qu'on fasse rouler la courbe *aMd* sur *AMD*, c'est-à-dire sur elle-même, en sorte que les portions *aM*, *AM* soient toûjours égales: je dis que le point *B* décrira dans ce mouvement une espece de roulette *ILK* qui aura pour dévelopée la caustique *HFN*.

Car il suit de la génération, 1°. Que la ligne *LM* tirée du point décrivant *L* au point touchant *M* sera* perpen- **Art. 43.* diculaire à la courbe *ILK*. 2°. Que La ou $IA = BA$, & $LM = BM$. 3°. Que les angles faits par les droites *ML,BM* sur la tangente commune en *M* sont égaux; & partant que si l'on prolonge *LM* en *F*, le rayon *MF* sera le réfléchi de l'incident *BM*. D'où l'on voit que la perpendiculaire *LF* touche la caustique *HFN*: & comme cela arrive toûjours en quelque endroit qu'on prenne le point *L*, il s'ensuit que la courbe *ILK* est formée par le dévelopement de la caustique *HFN*, plus la droite *HI*.

Il suit de ceci que la portion *FH* ou $FL - HI = BM$

O

$+ MF - BA - AH.$ Ce que l'on vient de démontrer d'une autre maniére dans le Corollaire précédent.

C O R O L L A I R E III.

112. S I la tangente DN devient infiniment proche de la tangente FM; il eſt clair que le point touchant N, & celuy d'interſection V ſe confondront avec l'autre point touchant F : de ſorte que pour trouver le point F où le rayon réfléchi MF touche la cauſtique HFN, il ne faut que chercher le point de concours des rayons réfléchis infiniment proches MF, mF. Et en effet, ſi l'on imagine une infinité de rayons d'incidence infiniment proches les uns des autres, on verra naître par les interſections des réfléchis un poligone d'une infinité de côtés dont l'aſſemblage compoſera la cauſtique HFN.

P R O P O S I T I O N I.

Problême général.

Fig. 97.

113. LA *nature de la courbe* AMD, *le point lumineux* B, *& le rayon incident* BM *étant donnés ; trouver ſur le réfléchi* MF *donné de poſition, le point* F *où il touche la cauſtique.*

Ayant trouvé par la ſection précédente la longueur MC du rayon de la développée au point M, & pris l'arc Mm infiniment petit, on tirera les droites Bm, Cm, Fm; on décrira des centres B, F les petits arcs MR, MO; on menera les perpendiculaires CE, Ce, CG, Cg ſur les rayons incidens & réfléchis; enſuite on nommera les données BM, y; ME ou $MG, a.$

Art. 110.

Cela poſé, on prouvera, comme dans le Corollaire premier*, que les triangles MRm, MOm ſont ſemblables & égaux; & qu'ainſi $MR = MO$. Or à cauſe de l'égalité des angles d'incidence & de réfléxion, l'on a auſſi $CE = CG, Ce = Cg$; & partant $CE - Ce$ ou $EQ = CG - Cg$ ou SG. Donc à cauſe des triangles ſemblables BMR & BEQ, FMO & FGS, l'on aura $BM + BE \; (2y - a).\, BM \;(y) :: MR + EQ$

ou $MO + GS$. MR ou $MO :: MG\ (a)$. $MF = \frac{ay}{2y - a}$.

Si le point lumineux B tomboit de l'autre côté du point E par rapport au point M, ou (ce qui eſt la même choſe) ſi la courbe AMD étoit convexe vers le point lumineux B; y deviendroit négative de poſitive qu'elle étoit, & l'on auroit par-conſéquent $MF = \frac{-ay}{-2y - a}$ ou $\frac{ay}{2y + a}$.

Si l'on ſuppoſe que y devienne infinie, c'eſt-à-dire que le point B ſoit infiniment éloigné de la courbe AMD; les rayons incidens ſeront paralleles entr'eux, & l'on aura $MF = \frac{1}{2}a$, parce que a eſt nulle par rapport à $2y$. FIG. 96.

COROLLAIRE I.

114. COMME l'on ne trouve pour MF qu'une ſeule valeur dans laquelle entre le rayon de la dévelopée; il s'enſuit qu'une ligne courbe AMD ne peut avoir qu'une ſeule cauſtique HFN par réfléxion, puiſqu'elle*n'a qu'une ſeule dévelopée. FIG. 94. 95.

*Art. 80.

COROLLAIRE II.

115. LORSQUE AMD eſt geométrique, il eſt clair*que ſa dévelopée l'eſt auſſi, c'eſt-à-dire que l'on trouve geométriquement tous les points C. D'où il ſuit que tous les points F de ſa cauſtique ſeront auſſi déterminés geométriquement, c'eſt-à-dire que la cauſtique HFN ſera geométrique. Mais je dis de plus, que cette cauſtique ſera toûjours réctifiable; puiſqu'il eſt évident * que l'on peut trouver avec le ſecours de la courbe AMD, qu'on ſupoſe geométrique, des lignes droites égales à une de ſes portions quelconques. * Art. 85.
FIG. 97.

FIG. 94. 95.

*Art. 110.

COROLLAIRE III.

116. SI la courbe AMD eſt convexe vers le point lumineux B; la valeur de $MF\ \left(\frac{ay}{2y + a}\right)$ ſera toûjours poſitive; & il faudra prendre par-conſéquent le point F du FIG. 97.

O ij

côté du point C, par rapport au point M, comme l'on a fuppofé en faifant le calcul. D'où l'on voit que les rayons réfléchis infiniment proches feront divergens.

Mais fi la courbe AMD eft concave vers le point lumineux B, la valeur de $MF\left(\frac{ay}{2y-a}\right)$ fera pofitive lorfque y furpaffe $\frac{1}{2}a$, négative lorfqu'il eft moindre, & infinie lorf-qu'il eft égal. D'où il fuit que fi l'on décrit un cercle qui ait pour diamétre la moitié du rayon MC de la dévelopée, les rayons réfléchis infiniment proches feront convergens lorfque le point lumineux B tombe au dehors de fa cir-conférence, divergens lorfqu'il tombe au dedans, & enfin paralleles lorfqu'il tombe deffus.

C O R O L L A I R E   IV.

117. S I le rayon incident BM touche la courbe AMD au point M, l'on aura $ME\,(a)=0$; & partant $MF=0$. Or comme le rayon réfléchi eft alors dans la direction de l'in-cident, & que la nature de la cauftique confifte à toucher tous les rayons réfléchis; il s'enfuit qu'elle touchera auffi le rayon incident BM au point M: c'eft-à-dire que la caufti-que & la donnée auront la même tangente dans le point M qui leur fera commun,

Si le rayon MC de la dévelopée eft nul, on aura enco-re $ME\,(a)=0$; & partant $MF=0$. D'où l'on voit que la donnée & la cauftique font entr'elles dans le point M qui leur eft commun, un angle égal à l'angle d'incidence.

Si le rayon CM de la dévelopée eft infini, le petit arc Mm deviendra une ligne droite, & l'on aura $MF=\mp y$; puifque $ME\,(a)$ étant infinie, y fera nul par rapport à a. Or comme cette valeur eft négative lorfque le point B tombe du côté du point C par rapport à la ligne AMD, & pofitive lorfqu'il tombe du côté oppofé; il s'enfuit que les rayons réfléchis infiniment proches feront toûjours di-vergens lorfque la ligne AMD eft droite.

COROLLAIRE V.

118. IL eſt évident que deux quelconques des trois points B, C, F, étant donnés, on trouvera facilement le troiſiéme.

Soit 1°. la courbe AMD une Parabole qui ait pour foyer le point lumineux B. Il eſt clair par les élémens des ſéćtions coniques, que tous les rayons réfléchis feront paralleles à l'axe ; & partant que MF ſera toûjours infinie en quelque endroit que l'on ſuppoſe le point M. On aura donc $a = 2y$: d'où il ſuit que ſi l'on prend ME double de MB, & qu'on mene la perpendiculaire EC ; elle ira couper MC perpendiculaire à la courbe AMD, en un point C qui ſera à la dévelopée de cette courbe. *Fig. 98.*

Soit 2°. la courbe AMD une Ellipſe qui ait pour un de ſes foyers le point lumineux B. Il eſt encore clair que tous les rayons réfléchis MF ſe rencontreront dans un même point F qui ſera l'autre foyer. Et ſi l'on nomme MF, z ; l'on aura* $z = \dfrac{ay}{2y-a}$; d'où l'on tire la cherchée $ME\ (a) = \dfrac{2yz}{y+z}$. *Fig. 99.*   * *Art. 113.*

Mais ſi la courbe AMD eſt une Hyperbole, le foyer F tombera de l'autre côté ; & partant $MF\ (z)$ deviendra négative : d'où il ſuit qu'on aura alors $ME\ (a) = \dfrac{-2yz}{y-z}$ ou $\dfrac{2yz}{z-y}$. Ce qui donne cette conſtruction qui ſert auſſi pour l'Ellipſe. *Fig. 100.*

Soit priſe ME quatriéme proportionnelle au demi-axe traverſant, & aux rayons incident & réfléchi ; ſoit menée la perpendiculaire EC : elle ira couper la ligne MC perpendiculaire à la ſection, en un point C qui ſera à la dévelopée. *Fig. 99. 100.*

EXEMPLE I.

119. SOIT la courbe AMD une Parabole, dont les rayons incidens PM ſoient perpendiculaires ſur ſon axe AP. Il faut trouver ſur les réfléchis MF les points F où ils touchent la cauſtique AFK. *Fig. 101.*

O iij

Il eſt clair que ſi l'on mene le rayon *MC* de la dévelopée, & qu'on tire la perpendiculaire *CG* ſur le rayon
réfléchi *MF*, il faudra * prendre *MF* égale à la moitié de
MG. Mais cette conſtruction ſe peut abréger, en conſidérant que ſi l'on mene *MN* parallele à l'axe *AP*, & la droite
ML au foyer *L*; les angles *LMP*, *FMN* ſeront égaux, puiſque par la proprieté de la parabole $LMQ = QMN$, &
par la ſuppoſition $PMQ = QMF$. Si donc l'on ajoûte de
part & d'autre le même angle *PMF*, l'angle *LMF* ſera égal
à l'angle *PMN*, c'eſt-à-dire droit. Or l'on vient de démontrer * que *LH* perpendiculaire ſur *ML* rencontre le rayon
MC de la dévelopée en ſon milieu *H*. Si donc l'on mene
MF parallele & égale à *LH*, elle ſera un des rayons réfléchis, & touchera en *F* la cauſtique *AFK*. Ce qu'il falloit
trouver.

   Si l'on ſuppoſe que le rayon réfléchi *MF* ſoit parallele
à l'axe *AP*; il eſt évident que le point *F* de la cauſtique
ſera le plus éloigné qu'il eſt poſſible de l'axe *AP*, puiſque
la tangente en ce point ſera parallele à l'axe. Afin donc
de déterminer ce point dans toutes les cauſtiques, telles
que *AFK*, formées par des rayons incidens perpendiculaires à l'axe de la courbe donnée, il n'y a qu'à conſidérer
que *MP* doit être alors égale à *PQ*. Ce qui donne $dy = dx$.

Soit $ax = yy$, on aura $dy = \dfrac{adx}{2\sqrt{ax}} = dx$, d'où l'on tire

AP $(x) = \frac{1}{4}a$: c'eſt-à-dire que ſi le point *P* tombe au
foyer *L*, le rayon réfléchi *MF* ſera parallele à l'axe. Ce qui
eſt d'ailleurs viſible; puiſque dans ce cas *MP* ſe confondant
avec *LM*, il faut auſſi que *MF* ſe confonde avec *MN*, & *LH*
avec *LQ*. D'où l'on voit que *MF* eſt alors égale à *ML*; &
partant que ſi l'on mene *FR* perpendiculaire ſur l'axe, on aura *AR* ou $AL + MF = \frac{3}{4}a$. On voit auſſi que la portion
AF de la cauſtique eſt égale en ce cas au parametre, puiſqu'elle eſt toûjours * égale à $PM + MF$.

   Pour déterminer le point *K* où la cauſtique *AFK* rencontre l'axe *AP*, il faut chercher la valeur de *MO*, & l'é-

*Art. 113.

*Art. 118.
num. 1.

*Art. 110.

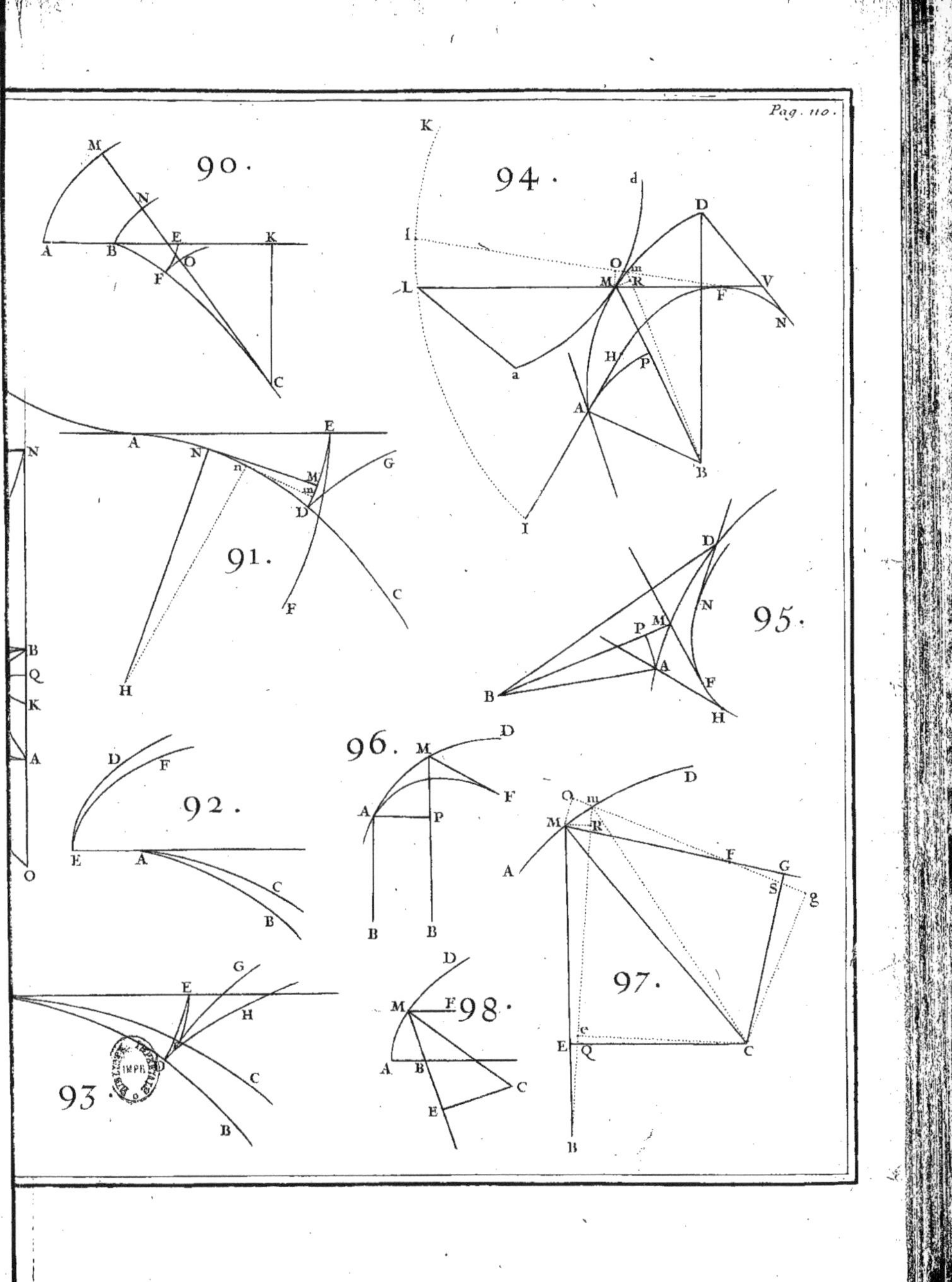
90.
94.
91.
95.
92.
96.
97.
93.
98.

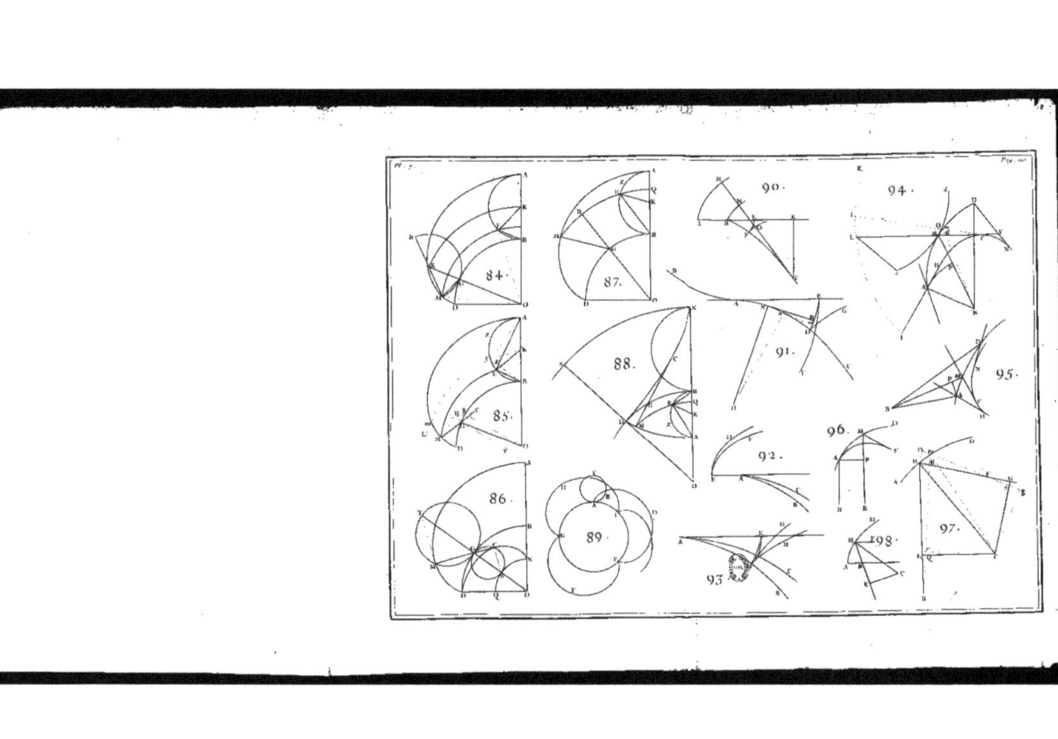

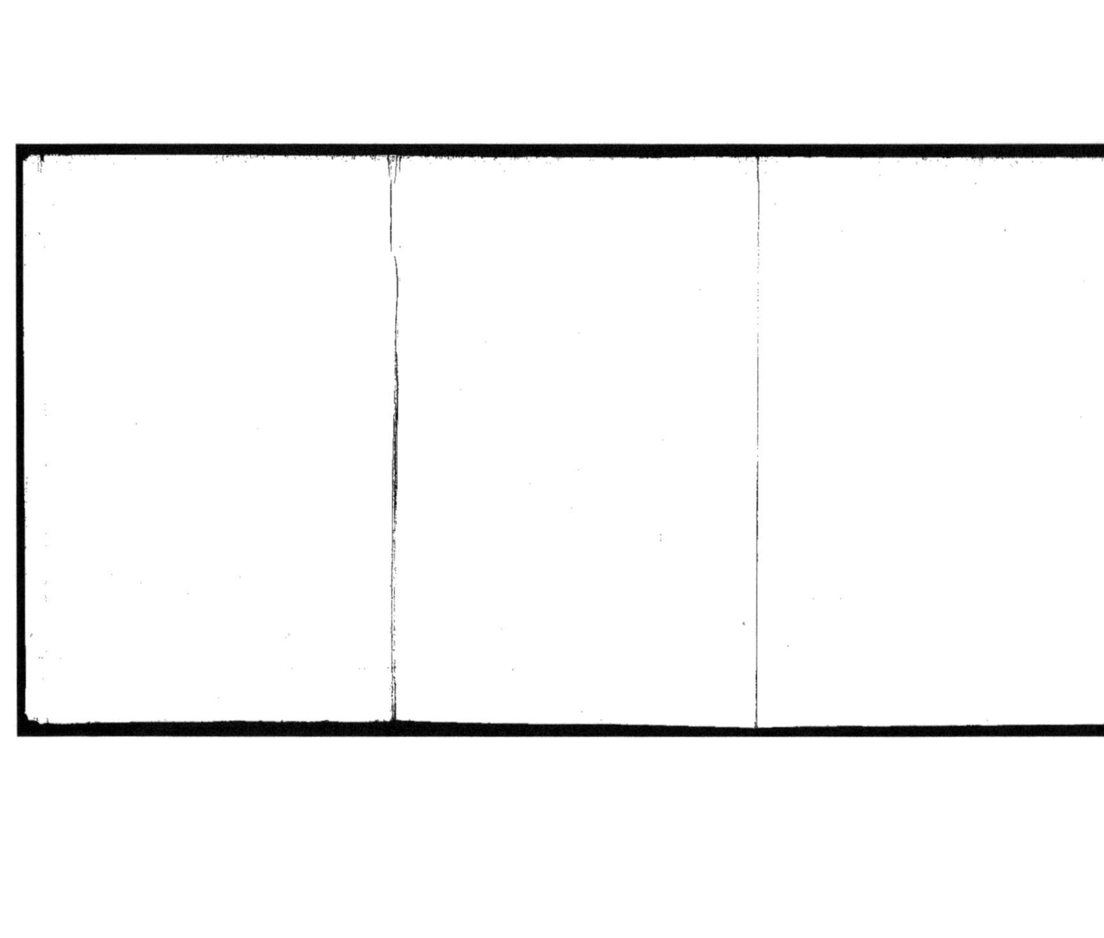

galer à celle de MF; car il eſt viſible que le point F tombant en K, les lignes MF, MO deviennent égales entr'elles. Nommant donc l'inconnuë MO, t; l'angle PMO coupé en deux également par MQ perpendiculaire à la courbe, donnera $MP\,(y).\,MO\,(t)\,::\,PQ\left(\frac{ydy}{dx}\right).$ $OQ=\frac{tdy}{dx}.$ & partant $OP=\frac{tdy+ydy}{dx}=\sqrt{tt-yy}$, à cauſe du triangle réctangle MPO; & diviſant de part & d'autre par $t+y$, on trouve $\frac{dy}{dx}=\sqrt{\frac{t-y}{t+y}}$, d'où l'on tire $MO\,(t)=\frac{ydx^2+ydy^2}{dx^2-dy^2}=MF\left(\frac{1}{2}a\right)=\frac{dx^2+dy^2}{-2ddy}$, puiſque*   *Art. 77.* $ME\,(a)=\frac{dx^2+dy^2}{-ddy}$. Ce qui donne $dy^2-2yddy=dx^2$, qui ſervira à trouver le point P tel que menant le rayon incident PM & le réfléchi MF, ce dernier touche la cauſtique AFK au point K où elle rencontre l'axe AP.

On a dans la parabole $y=x^{\frac{1}{2}}$, $dy=\frac{1}{2}x^{-\frac{1}{2}}dx$, $ddy=-\frac{1}{4}x^{-\frac{3}{2}}dx^2$; & mettant ces valeurs dans l'équation précédente, on trouve $\frac{1}{4}x^{-1}dx^2+\frac{1}{2}x^{-1}dx^2=dx^2$, d'où l'on tire $AP\,(x)=\frac{3}{4}$ du parametre.

Pour trouver la nature de la cauſtique AFK à la maniére de *Deſcartes*, il faut chercher une équation qui exprime la relation de la coupée $AR\,(u)$, à l'appliquée $RF\,(z)$; ce qui ſe fait en cette ſorte. Puiſque $MO\,(t)=\frac{ydx^2+ydy^2}{dx^2-dy^2}$, l'on aura $PO\left(\frac{tdy+ydy}{dx}\right)=\frac{2ydxdy}{dx^2-dy^2}$; & à cauſe des triangles ſemblables MPO, MSF, on formera ces proportions MO $\left(\frac{ydx^2+ydy^2}{dx^2-dy^2}\right).\,MF\left(\frac{dx^2+dy^2}{-2ddy}\right)$ ou $-2yddy.\,dx^2-dy^2$ $::MP\,(y).\,MS\,(y-z)=\frac{dx^2-dy^2}{-2ddy}\,::\,PO\left(\frac{2ydxdy}{dx^2-dy^2}\right).$ SF ou $PR\,(u-x)=\frac{dxdy}{-ddy}$. On aura donc ces deux é-

quations $z = y + \dfrac{dy^2 - dx^2}{-2ddy}$, & $u = x + \dfrac{dx\,dy}{-ddy}$, qui fer-
viront avec celle de la courbe donnée à en former une
nouvelle où x & y ne se trouveront plus, & qui exprimera par-conséquent la relation de AR (u) à FR (z).

Lorsque la courbe AMD est une parabole, comme l'on
a supposé dans cet exemple, on trouvera $z = \frac{3}{2} x^{\frac{1}{2}}$
$- 2x^{\frac{3}{2}}$, ou (en quarrant chaque membre) $\frac{9}{4} x - 6xx + 4x^3$
$= zz$, & $u = 3x$; d'où l'on tire l'équation cherchée
$azz = \frac{4}{27} u^3 - \frac{2}{3} auu + \frac{3}{4} aau$ qui exprime la nature de
la caustique AFK. On peut remarquer que PR est toû-
jours double de AP, puisque AR (u) $= 3x$; ce qui fournit encore une nouvelle maniére de déterminer sur le
rayon réfléchi MF le point cherché F.

EXEMPLE II.

Fig. 102.

120. Soit la courbe AMD un demi-cercle qui ait pour
diametre la ligne AD, & pour centre le point C ; soient les
rayons incidens PM perpendiculaires sur AD.

Comme la dévelopée du cercle se réünit en un seul
point qui en est le centre, il s'enfuit *que si l'on coupe le
rayon CM en deux également au point H, & qu'on mene
HF perpendiculaire sur le rayon réfléchi MF, il coupera
ce rayon en un point F, où il touche la caustique AFK.
Il est clair que le rayon réfléchi MF est égal à la moitié
de l'incident PM ; d'où il suit, 1°. Que le point P tombant en C, le point F tombe en K milieu de CB. 2°. Que
la portion AF est triple de MF, & la caustique AFK triple de de BK. On voit aussi que si l'on fait l'angle ACM
demi-droit, le rayon réfléchi MF sera parallele à AC ; &
partant que le point F sera plus élevé au dessus du diametre AD, que tout autre point de la caustique.

Le cercle qui a pour diametre MH, passe par le point
F ; puisque l'angle HFM est droit. Et si l'on décrit du centre

* Art. 113.

tre C & du rayon CK ou CH, moitié de CM, le cercle KHG; l'arc HF fera égal à l'arc HK: car l'angle CMF étant égal à CPM ou HCK, les arcs $\frac{1}{2}HF$, HK, qui mefurent ces angles dans les cercles MFH, KHG, feront entr'eux comme les rayons $\frac{1}{2}MH$, HC de ces cercles. D'où l'on voit que la Cauftique AFK eft une Roulette formée par la révolution du cercle mobile MFH autour de l'immobile KHG, dont l'origine eft en K, & le fommet en A.

EXEMPLE III.

121. Soit la courbe AMD un cercle qui ait pour dia- Fig. 103. metre la ligne AD, & pour centre le point C; foit le point lumineux A, d'où partent tous les rayons incidens AM, l'une des extrémités de ce diametre.

Si l'on mene du centre C fur le rayon incident AM la perpendiculaire CE: il eft clair par la proprieté du cercle, que le point E coupe en deux parties égales la corde AM; & qu'ainfi ME $(a) = \frac{1}{2}y$. On aura donc $MF\left(\frac{ay}{2y-a}\right)$ $= \frac{1}{3}y$: c'eft-à-dire qu'il faut prendre le rayon réfléchi MF égal au tiers de l'incident AM. D'où l'on voit que $DK = \frac{1}{3}AD$, $CK = \frac{1}{3}CD$, & que * la cauftique AFK *Art. 110. $= \frac{4}{3}AD$, de même que fa portion $AF = \frac{4}{3}AM$. Si l'on prend $AM = AC$, le rayon réfléchi MF fera parallele au diametre AD; & par-conféquent le point F fera le plus élevé qu'il foit poffible au deffus de ce diametre.

Si l'on prend $CH = \frac{1}{3}CM$, & qu'on tire HF perpendiculaire fur MF; le point F fera à la cauftique: car menant HL perpendiculaire fur AM, il eft clair que ML $= \frac{2}{3}ME = \frac{1}{3}AM$, puifque $MH = \frac{2}{3}CM$. Le cercle qui a pour diametre MH, paffera donc par le point F de la cauftique; & fi l'on décrit un autre cercle KHG du centre C, & du rayon CK ou CH, il luy fera égal, & l'arc HK

fera égal à l'arc *HF* : car dans le triangle isoscele *CMA* l'angle externe *KCH* = 2*CMA* = *AMF* ; & partant les arcs *HK*, *HF* mesures de ces angles dans des cercles égaux, feront auffi égaux. D'où il fuit que la Cauftique *AFK* eft encore une Roulette décrite par la révolution du cercle mobile *MFH* autour de l'immobile *KHG*, dont l'origine eft en *K*, & le fommet en *A*.

On pourroit encore prouver ceci de cette autre maniére. Si l'on décrit une roulette par la révolution d'un cercle égal au cercle *AMD* autour de celui-ci, en commençant au point *A* ; l'on a démontré dans le Corollaire
Art. 111.*   fecond * qu'elle aura pour développée la cauftique *AFK*. Or
Art. 100.*   * cette développée eft une roulette de même efpece, c'eft-à-dire que les diametres des cercles générateurs en feront égaux ; & on déterminera le point *K* en prenant *CK* troifiéme proportionnelle à *CD* + *DA* & à *CD*, c'eft-à-dire égale à $\frac{1}{3}$ *CD*. Donc, &c.

E X E M P L E IV.

Fig. 104.   **122.** Soit la courbe *AMD* une demi-roulette ordinaire décrite par la révolution du demi-cercle *NGM* fur la droite *BD*, dont le fommet eft en *A*, & l'origine en *D* ; foient les rayons incidens *KM* paralleles à l'axe *AB*.

** Art. 95.*   Puifque ** MG* eft égale à la moitié du rayon de le déve-
Art. 113.*   lopée, il s'enfuit * que fi l'on mene *GF* perpendiculaire fur le rayon réfléchi *MF*, le point *F* fera à la cauftique *DFB*. D'où l'on voit que *MF* doit être prife égale à *KM*.

Si l'on mene du centre *H* du cercle générateur *MGN* au point touchant *G*, & au point décrivant *M*, les rayons *HG*, *HM* ; il eft clair que *HG* fera perpendiculaire fur *BD*, & que l'angle *GMH* = *MGH* = *GMK* : d'où l'on voit que le rayon réfléchi *MF* paffe par le centre *H*. Or le cercle qui a pour diametre *GH*, paffe auffi par le point *F* ; puifque l'angle *GFH* eft droit. Donc les arcs *GN*, $\frac{1}{2}$ *GF*, mesures du même angle *GHN*, feront entr'eux comme les diametres

MN, *GH* de leurs cercles ; & partant l'arc $GF = GN = GB$.
Il est donc évident que la Caustique *DFB* est une Roulette décrite par la révolution entiere du cercle *GFH* sur la
droite *BD*.

EXEMPLE V.

123. Soit encore la courbe *AMD* une demi-roulette Fig. 105.
ordinaire, dont la base *BD* est égale à la demi-circonférence *ANB* du cercle générateur. Et soient à présent les
rayons incidens *PM* paralleles à la base *BD*.

Si l'on mene *GQ* perpendiculaire sur *PM*, les triangles
réctangles *GQM*, *BPN* seront égaux & semblables; & par-
tant $MQ = PN$. D'où l'on voit * qu'il faut prendre *MF* *Art. 95. 113.
égale à l'appliquée correspondante *PN* dans le demi-
cercle générateur *ANB*.

Afin que le point *F* soit le plus éloigné qu'il est possible de l'axe *AB*, il faut que la tangente *MF* en ce point
soit parallele à cet axe. L'angle *PMF* sera donc alors droit,
sa moitié *PMG* ou *PNB* demi-droit ; & partant le point
P tombera dans le centre du cercle *AND*.

C'est une chose digne de remarque, que le point *P*
approchant ensuite continüellement de l'extrémité *B*, le
point *F* approche aussi de l'axe *AB* jusqu'à un certain point
K, aprés quoi il s'en éloigne jusqu'en *D* ; de sorte que la
caustique *AFKFD* a un point de rebroussement en *K*.

Pour le déterminer, je remarque * que la portion *AF* *Art. 110.
$= PM + MF$, la portion $AFK = HL + LK$, & la portion 111.
KF de la partie *KFD*, est $= HL + LK - PM - MF$: d'où
l'on voit que $HL + LK$ doit être un *plus grand*. C'est-
pourquoy nommant *AH*, x ; *HI*, y ; l'arc *AI*, u ; l'on aura
$HL + LK = u + 2y$, dont la différence donne $du + 2dy$
$= 0$, & $\frac{adx}{y} + 2dy = 0$ en mettant pour du sa valeur
$\frac{adx}{y}$: d'où l'on tire $adx = -2ydy = 2xdx - 2adx$ à cause du cercle ; & partant $AH (x) = \frac{2}{3}a$.

C O R O L L A I R E.

124. L'espace *AFM* ou *AFKFM* renfermé par les portions de courbes *AF* ou *AFKF, AM,* & par le rayon réfléchi *MF,* est égal à la moitié de l'espace circulaire *APN.* Car sa différence, qui est le sécteur *FMO,* est égale à la moitié du réctangle *PpSN,* différence de l'espace *APN;* puisque les triangles réctangles *MOm, MRm* étant égaux & semblables, *MO* sera égale à *MR* ou *NS* ou *Pp,* & que de plus *MF = PN.*

E X E M P L E   VI.

Fig. 106.   **125.** Soit la courbe *AMD* une demi-roulette formée par la révolution du cercle *MGN* autour de son égal *AGK,* dont l'origine est en *A,* & le sommet en *D;* soyent les rayons incidens *AM* qui partent tous du point *A.* La ligne *BH* qui joint les centres des deux cercles générateurs, passe continüellement par le point touchant *G,* & les arcs *GM, GA,* comme aussi leurs cordes, sont toûjours égaux; ainsi l'angle *HGM = BGA,* & l'angle *GMA = GAM.* Or l'angle *HGM + BGA = GMA + GAM;* puisqu'ajoûtant de part & d'autre le même angle *AGM,* on en forme deux droits. Donc l'angle *HGM* sera toûjours égal à l'angle *GMA;* & partant aussi à l'angle de réfléxion *GMF;* d'où il suit que *MF* passe toûjours par le centre *H* du cercle mobile.

Maintenant si l'on mene les perpendiculaires *CE, GO* sur le rayon incident *AM;* il est clair que *MO = OA,* & que

**Art. 100.* $OE = \frac{1}{3}OM$; puisque * le point *C* étant à la dévelopée, $GC = \frac{1}{3}GM.$ On aura donc $ME = \frac{2}{3}AM$, c'est-à-dire $a = \frac{2}{3}y$; & par-conséquent $MF\left(\frac{ay}{2y-a}\right) = \frac{1}{2}y$: d'où l'on voit que si l'on mene *GF* perpendiculaire sur *MF,* le point *F* sera à la caustique *AFK.*

Le cercle qui a pour diametre *GH,* passe par le point *F;* & les arcs *GM,* $\frac{1}{2}GF,$ mesures du même angle *GHM,* étant entr'eux comme les diametres *MN, GH* de leurs cercles, l'arc *GF* fera égal à l'arc *GM*, & par-conféquent à l'arc *GA*. D'où il eft évident que la Cauftique *AFK* eft une Roulette décrite par la révolution du cercle mobile *HFG* autour de l'immobile *AGK*.

COROLLAIRE.

126. Si l'on décrit un cercle qui ait pour centre le point *B*, & pour rayon une droite égale à *BH* ou *AK*; & qu'il y ait une infinité de droites paralleles à *BD* qui tombent fur fa circonférence : il eft vifible * qu'elles formeront en fe réfléchiffant la même cauftique *AFK*.   **Art. 120.*

EXEMPLE VII.

127. Soit la courbe *AMD* une logarithmique fpira- Fig. 107. le, avec les rayons incidens *AM* qui partent tous du centre *A*.

Si l'on mene par l'extrémité *C* du rayon de la dévelopée la droite *CA* perpendiculaire fur le rayon incident *AM*, elle le rencontrera * dans le centre *A*. C'eft- **Art. 91.* pourquoy $AM\ (y) = a$; & partant $MF\left(\dfrac{ay}{2y-a}\right) = y$. Le triangle *AMF* fera donc ifofcele ; & comme les angles d'incidence & de réfléxion *AMT, FMS* font égaux entr'eux, il s'enfuit que l'angle *AFM* eft égal à l'angle *AMT*. D'où il eft clair que la cauftique *AFK* fera une logarithmique fpirale qui ne différera de la propofée *AMD* que par fa pofition.

PROPOSITION II.

Problême.

128. La *cauftique* HF *par réfléxion étant donnée avec le* Fig. 108. *point lumineux* B; *trouver une infinité de courbes telles que* AM, *dont elle foit cauftique par réfléxion.*

Ayant pris à difcrétion fur une tangente quelconque *HA* le point *A* pour un des points de la courbe cherchée *AM*;

on décrira du centre *B*, de l'intervalle *BA* l'arc de cercle *AP*, & d'un autre intervalle quelconque *BM*, un autre arc de cercle. Et ayant pris $AH + HE = BM - BA$ ou *PM*, on développera la cauſtique *HF* en commençant au point *E*; & l'on décrira dans ce mouvement une ligne courbe *EM* qui coupera l'arc de cercle décrit du rayon *BM*, en un point *M* qui ſera * à la courbe *AM*. Car par la conſtruction $PM + MF = AH + HF$.

    Ou bien ayant attaché un fil *BMF* par ſes extrémités en *B* & en *F*, on fera tendre ce fil par le moyen d'un ſtile placé en *M*, que l'on fera mouvoir en ſorte que l'on enveloppera par la partie *MF* de ce fil la cauſtique *HF*; il eſt clair que ce ſtile décrira dans ce mouvement la courbe cherchée *MA*.

AUTRE SOLUTION.

    129. AYANT tiré à diſcrétion une tangente *FM* autre que *HA*, on cherchera ſur elle un point *M*, tel que $BM + MF = BA + AH + HF$. Ce qui ſe fera en cette ſorte.

    Soit priſe $FK = BA + AH + HF$, & diviſant *BK* par le milieu en *G*, ſoit tirée la perpendiculaire *GM* : elle rencontrera la tangente *FM* au point cherché *M*. Car $BM = MK$.

    Si le point *B* étoit infiniment éloigné de la courbe *AM*, c'eſt-à-dire que les rayons incidens *BA*, *BM* fuſſent paralleles à une ligne droite donnée de poſition ; la première conſtruction auroit toûjours lieu, en conſidérant que les arcs de cercle décrits du centre *B* deviennent des lignes droites perpendiculaires ſur les rayons incidens. Mais cette derniere deviendroit inutile ; c'eſt-pourquoy il faudroit luy ſubſtituer celle qui ſuit.

    Soit priſe $FK = AH + HF$. Ayant trouvé le point *M* tel que *MP* parallele à *AB* perpendiculaire ſur *AP*, ſoit égale à *MK* ; il eſt clair * que ce point ſera à la courbe cherchée *AM* ; puiſque $PM + MF = AH + HF$. Or cela ſe fait ainſi.

    Soit menée *KG* perpendiculaire ſur *AP* ; & ayant pris $KO = KG$, ſoient tirées *KP* parallele à *OG*, & *PM* parallele à *GK* : je dis que le point *M* ſera celuy qu'on cherche.

*Art. 110.

FIG. 109.

* Art. 110.

Car à cause des triangles semblables GKO, PMK, l'on aura
$PM = MK$; puisque $GK = KO$.

Si la cauftique HF se réüniffoit en un point; la courbe
AM deviendroit une fection conique.

COROLLAIRE I.

130. IL eft clair que la courbe qui paffe par tous les
points K, eft formée par le dévelopement de la courbe
HF en commençant en A, & qu'elle change de nature à
mefure que le point A change de place fur la tangente AH.
Donc puifque les courbes AM naiffent toutes de ces courbes par la même conftruction, qui eft geométrique; il s'enfuit * qu'elles font d'une nature différente entr'elles, &   *Art. 108.
qu'elles ne font geométriques que lorfque la cauftique HF
eft geométrique & réctifiable.

COROLLAIRE II.

131. UNE ligne courbe DN étant donnée avec un point   FIG. 116.
lumineux C; trouver une infinité de lignes telles que AM,
en forte que les rayons réfléchis DA, NM fe réüniffent en
un point donné B, aprés s'être réfléchis de nouveau à la
rencontre de ces lignes AM.

Si l'on imagine que la courbe HF foit la cauftique de
la donnée DN, formée par le point lumineux C; il eft
clair que cette ligne HF doit être auffi la cauftique de la
courbe AM ayant pour point lumineux le point donné B :
de forte que $FK = BA + AH + HF$, & $NK = BA + AH$
$+ HF + FN = BA + AD + DC - CN$, puifque * $HD + DC$ *Art. 110.
$= HF + FN + NC$. Ce qui donne cette conftruction.

Ayant pris à difcrétion fur un rayon réfléchi quelconque
le point A pour un des points de la courbe cherchée AM,
on prendra fur un autre rayon réfléchi NM tel qu'on voudra, la partie $NK = BA + AD + DC - CN$; & l'on trouvera le point cherché M comme ci-deffus art. 129.

SECTION VII.

Usage du calcul des différences pour trouver les Cauftiques par réfraction.

DÉFINITION.

FIG. III.

SI l'on conçoit qu'une infinité de rayons *BA*, *BM*, *BD*, qui partent d'un même point lumineux *B*, fe rompent à la rencontre d'une ligne courbe *AMD*, en s'approchant ou s'éloignant de fes perpendiculaires *MC*, en forte que les finus *CE* des angles d'incidence *CME*, foient toûjours aux finus *CG* des angles de réfraction *CMG*, en même raifon

FIG. 112.

donnée de *m* à *n*; la ligne courbe *FHN* que touchent tous les rayons rompus ou leurs prolongemens *AH*, *MF*, *DN*, eft appellée *Cauftique par réfraction*.

COROLLAIRE.

132. SI l'on envelope la cauftique *HFN* en commençant au point *A*, l'on décrira la courbe *ALK* telle que la tangente *LF* plus la portion *FH* de la cauftique fera continüellement égale à la même droite *AH*. Et fi l'on conçoit une autre tangente *Fml* infiniment proche de *FML*, avec un autre rayon d'incidence *Bm*, & qu'on décrive des centres *F*, *B*, les petits arcs *MO*, *MR* : on formera deux petits triangles réctangles *MRm*, *MOm* qui feront femblables aux deux autres *MEC*, *MGC*, chacun à chacun; puifque fi l'on ôte des angles droits *RME*, *CMm* le même angle *EMm*, les angles reftans *RMm*, *EMC* feront égaux; & de même fi l'on ôte des angles droits *GMO*, *CMm* le même angle *GMm*, les reftans *OMm*, *GMC* feront égaux. C'eft-pourquoy *Rm*. *Om* :: *CE*. *CG* :: *m*. *n*. Or puifque *Rm* eft

*Art. 96.

la différence de *BM*, & *Om* celle de *LM*; il s'enfuit * que *BM* — *BA* fomme de toutes les différences *Rm* dans la portion de courbe *AM*, eft à *ML* ou *AH* — *MF* — *FH* fomme de toutes les différences *Om* dans la même portion

tion AM, comme m eſt à n; & partant que la portion $FH = AH - MF + \frac{n}{m} BA - \frac{n}{m} BM$.

Il peut arriver différens cas, ſelon que le rayon incident BA eſt plus grand ou moindre que BM, & que le rompu AH envelope ou dévelope la portion HF : mais on prouvera toûjours, comme l'on vient de faire, que la différence des rayons incidens eſt à la différence des rayons rompus (en joignant à l'un d'eux la portion de la cauſtique qu'il dévelope avant que de tomber ſur l'autre) comme m eſt à n. Par éxemple, $BA - BM$, $AH - MF - FH$ FIG. 112. $:: m. n.$ d'où l'on tire $FH = AH - MF + \frac{n}{m} BM - \frac{n}{m} BA$.

Si l'on décrit du centre B l'arc du cercle AP; il eſt clair FIG. 111. que PM ſera la différence des rayons incidens BM, BA. Et ſi l'on ſuppoſe que le point lumineux B devienne infiniment éloigné de la courbe AMD, les rayons incidens BA, BM deviendront paralleles, & l'arc AP deviendra une ligne droite perpendiculaire ſur ces rayons.

PROPOSITION I.

Problême général.

133. LA *nature de la courbe* AMD, *le point lumineux* B, FIG. 111. & *le rayon incident* BM *étant donnés; trouver ſur le rayon rompu* MF *donné de poſition, le point* F *où il touche la cauſtique par réfraction.*

Ayant trouvé * la longueur MC du rayon de la dévelo- * Sect. 5. pée au point donné M, & pris l'arc Mm infiniment petit, on tirera les droites Bm, Cm, Fm; on décrira des centres B, F les petits arcs MR, MO; on menera les perpendiculaires CE, Ce, CG, Cg ſur les rayons incidens & rompus; & l'on nommera les données BM, y; ME, a; MG, b; & le petit arc MR, dx. Cela poſé,

Les triangles rectangles ſemblables MEC & MRm, MGC & MOm, BMR & BQe, donneront ME (a). MG (b) $:: MR$ (dx). $MO = \frac{bdx}{a}$. Et BM (y). BQ ou BE

Q

$(y + a) :: MR \ (dx)$. $Qe = \frac{adx + ydx}{y}$. Or par la proprieté de la réfraction $Ce.Cg :: CE.CG :: m.n$. Et partant $m.n :: Ce - CE$ ou $Qe \left(\frac{adx + ydx}{y} \right)$. $Cg - CG$ ou $Sg = \frac{andx + nydx}{my}$. Donc à caufe des triangles rectangles femblables FMO & FSg, l'on aura $MO - Sg \left(\frac{bmydx - anydx - aandx}{amy} \right)$. $MO \left(\frac{bdx}{a} \right) :: MS$ ou $MG \ (b)$. $MF = \frac{bbmy}{bmy - any - aan}$. Ce qui donne cette conftruction.

Soit fait vers CM l'angle $ECH = GCM$, & foit prife vers $B, MK = \frac{aa}{y}$. Je dis que fi l'on fait $HK.HE :: MG.MF$. le point F fera à la cauftique par réfraction.

Car à caufe des triangles femblables CGM, CEH, l'on aura $CG.CE :: n.m :: MG \ (b)$. $EH = \frac{bm}{n}$. D'où l'on tire $HE - ME$ ou $HM = \frac{bm - an}{n}$, $HM - MK$ ou $HK = \frac{bmy - any - aan}{ny}$; & partant $HK \left(\frac{bmy - any - aan}{ny} \right)$. $HE \left(\frac{bm}{n} \right) :: MG \ (b)$. $MF = \frac{bbmy}{bmy - any - aan}$.

Il eft clair que fi la valeur de HK eft négative, celle de MF le fera auffi : d'où il fuit que le point M tombe entre les points G, F, lorfque le point H fe trouve entre les points K, E.

Si le point lumineux B tomboit du côté du point E, ou (ce qui eft la même chofe) fi la courbe AMD étoit concave du côté du point lumineux B; y deviendroit négative de pofitive qu'elle étoit auparavant, & l'on auroit par-conféquent $MF = \frac{-bbmy}{-bmy + any - aan}$ ou $\frac{bbmy}{bmy - any + aan}$. Et la conftruction demeureroit la même.

Si l'on fuppofe que y devienne infinie, c'eft-à-dire que le point lumineux B foit infiniment éloigné de la courbe AMD; les rayons incidens feront paralleles entr'eux, & l'on aura $MF = \frac{bbm}{bm - an}$, parce que le terme aan fera nul par rapport aux deux autres bmy, any; & comme $MK\left(\frac{aa}{y}\right)$ s'évanoüit alors, il n'y aura qu'à faire $HM.HE::MG.MF$.

COROLLAIRE I.

134. On démontrera, de même que dans les cauſti- ques par réfléxion*, qu'une ligne courbe AMD n'a qu'une ſeule cauſtique par réfraction, la raiſon de m à n étant donnée; laquelle cauſtique eſt toûjours geométrique & ré- ctifiable, lorſque la courbe propoſée AMD eſt geométrique.

COROLLAIRE II.

135. Si le point E tombe de l'autre côté de la perpen- diculaire MC par rapport au point G, & que CE ſoit éga- le à CG; il eſt clair que la cauſtique par réfraction ſe changera en cauſtique par réfléxion. En effet on aura MF $\left(\frac{bbmy}{bmy-any\mp aan}\right)=\frac{ay}{2y+a}$; puiſque $m=n$, & que a devient négative de poſitive qu'elle étoit, & de plus égale à b. Ce qui s'accorde avec ce qu'on a démontré dans la ſéction précédente.

Si m eſt infinie par rapport à n; il eſt clair que le rayon rompu MF tombera ſur la perpendiculaire CM: de ſorte que la Cauſtique par réfraction deviendra la Dévelopée. En effet on aura $MF=b$, qui devient en ce cas MC: c'eſt- à-dire que le point F tombera ſur le point C, qui eſt à la dé- velopée.

COROLLAIRE III.

136. Si la courbe AMD eſt convexe vers le point lu- mineux B, & que la valeur de $MF\left(\frac{bbmy}{bmy-any-aan}\right)$ ſoit poſitive; il eſt clair qu'il faudra prendre le point F du même côté du point G, par rapport au point M, com- me on l'a ſuppoſé en faiſant le calcul: & qu'au contraire ſi elle eſt négative, il le faudra prendre du côté oppoſé. Il en eſt de même lorſque la courbe AMD eſt concave vers le point B; mais il faut obſerver qu'on aura pour lors

$MF = \dfrac{bbmy}{bmy - any + aan}$. D'où il suit que les rayons rompus infiniment proches font convergens lorsque la valeur de MF est positive dans le premier cas, & négative dans le second : & qu'au contraire ils font divergens lorsqu'elle est négative dans le premier cas, & positive dans le second. Cela posé ; il est évident,

1°. Que si la courbe AMD est convexe vers le point lumineux B, & que m soit moindre que n; ou que si elle est concave vers ce point, & que m surpasse n : les rayons rompus infiniment proches feront toûjours divergens.

2°. Que si la courbe AMD est convexe vers le point lumineux B, & que m surpasse n; ou que si elle est concave vers ce point, & que m soit moindre que n : les rayons rompus infiniment proches feront convergens, lorsque $MK\left(\dfrac{aa}{y}\right)$ est moindre que $MH\left(\dfrac{bm}{n} - a \text{ ou } a - \dfrac{bm}{n}\right)$; divergens, lorsqu'elle est plus grande; & paralleles, lorsqu'elle est égale. Or comme $MK = o$, lorsque les rayons incidens font paralleles, il s'enfuit qu'en ce cas les rayons rompus infiniment proches feront toûjours convergens.

C O R O L L A I R E IV.

137. Sı le rayon incident BM touche la courbe AMD au point M, l'on aura $ME\ (a) = o$; & partant $MF = b$. Ce qui fait voir que le point F tombe alors sur le point G.

Si le rayon incident BM est perpendiculaire à la courbe AMD, les droites $ME\ (a)$ & $MG\ (b)$ deviendront égales chacune au rayon CM de la dévelopée; puisqu'elles se confondent avec luy. On aura donc $MF = \dfrac{bmy}{my - ny + bn}$, qui devient $\dfrac{bm}{m - n}$ lorsque les rayons incidens font paralleles entr'eux.

Si le rayon rompu MF touche la courbe AMD au point M, l'on aura $MG\ (b) = o$. D'où l'on voit que la caustique touche alors la courbe donnée au point M.

Si le rayon CM de la dévelopée eſt nul ; les droites ME (a), MG (b) feront auſſi égales à zero ; & par-conſéquent les termes aan, $bbmy$ feront nuls par rapport aux autres bmy, any. D'où il ſuit que $MF = 0$; & qu'ainſi la cauſtique a le point M commun avec la courbe donnée.

Si le rayon CM de la dévelopée eſt infini ; les droites ME (a), MG (b) feront auſſi infinies ; & par-conſéquent les termes bmy, any feront nuls par rapport aux autres aan, $bbmy$: de forte qu'on aura $MF = \dfrac{bbmy}{\mp aan}$, Or* com- *Art. 133. me cette quantité eſt négative lorſque l'on ſuppoſe que le point F tombe de l'autre côté du point B par rapport à la ligne AMD, & qu'au contraire elle eſt poſitive lorſqu'on ſuppoſe qu'il tombe du même côté ; il s'enſuit* que *Art. 136. l'on doit prendre le point F du même côté du point B, c'eſt-à-dire que les rayons rompus infiniment proches ſont divergens. Il eſt évident que le petit arc Mm devient alors une ligne droite, & que la conſtruction précédente n'a plus de lieu. On peut luy ſubſtituer celle-ci, qui ſervira à déterminer les points des cauſtiques par réfraction lorſque la ligne AMD eſt droite.

Ayant mené BO perpendiculaire ſur le rayon incident Fig. 114. BM, & qui rencontre en o la droite MC perpendiculaire ſur AD ; on tirera OL perpendiculaire ſur le rayon rompu MG ; & ayant fait l'angle BOH égal à l'angle LOM, on fera $BM . BH :: ML . MF$. Je dis que le point F fera à la cauſtique par réfraction.

Car les triangles réctangles MEC & MBO, MGC & MLO feront toûjours ſemblables de quelque grandeur que l'on ſuppoſe CM ; & partant lorſqu'elle devient infinie, l'on aura encore ME $(a) . MG$ $(b) :: BM$ (y) $ML = \dfrac{by}{a}$. Et à cauſe des triangles ſemblables OLM, OBH, l'on aura auſſi $OL . OB$ $(n . m) :: ML \dfrac{by}{a} . BH = \dfrac{bmy}{an}$. D'où l'on voit que BM $(y) . BH$ $\left(\dfrac{bmy}{an}\right) :: ML \left(\dfrac{by}{a}\right) . MF \left(\dfrac{bbmy}{aan}\right)$.

Q iij

COROLLAIRE V.

138. Il est clair que deux quelconques des trois points B, C, F, étant donnés, on peut facilement trouver le troisiéme.

EXEMPLE I.

FIG. 115.

139. Soit la courbe AMD un quart de cercle qui ait pour centre le point C; soient les rayons incidens BA, BM, BD paralleles entr'eux, & perpendiculaires sur CD; soit enfin la raison de m à n, comme 3 à 2, qui est celle que souffrent les rayons de lumiere en passant de l'air dans le verre. Puisque la dévelopée du cercle AMD se réünit en un point C qui en est le centre, il s'enfuit que si l'on décrit une demi-circonférence MEC qui ait pour diametre le rayon CM, & qu'on prenne la corde $CG = \frac{2}{3}CE$; la ligne MG sera le rayon rompu, sur lequel on déterminera le point F, comme l'on a enseigné ci-devant art. 133.

Pour trouver le point H où le rayon incident BA perpendiculaire sur AMD touche la caustique par réfraction, l'on au-

* Art. 137.   ra * $AH \dfrac{bm}{m-n} = 3b = 3CA$. Et si l'on décrit une demi-circonférence CND qui ait pour diametre le rayon CD,

* Art. 137.   & qu'on prenne la corde $CN = \frac{2}{3}CD$; il est clair *que le point N sera à la caustique par réfraction, puisque le rayon incident BD touche le cercle AMD au point D.

* Art. 132.   Si l'on mene AP parallele à CD; il est visible * que la portion $FH = AH - MF - \frac{2}{3}PM$: de sorte que la caustique entiere $HFN = \frac{7}{3}CA - DN = \frac{7-\sqrt{5}}{3}CA$.

FIG. 116.   Si le quart de cercle AMD est concave vers les rayons incidens BM, & que la raison de m à n soit de 2 à 3; on prendra sur la demi-circonférence CEM qui a pour diametre le rayon CM, la corde $CG = \frac{3}{2}CE$, & on tirera le rayon rompu MG sur lequel on déterminera le point F par la construction générale art. 133.

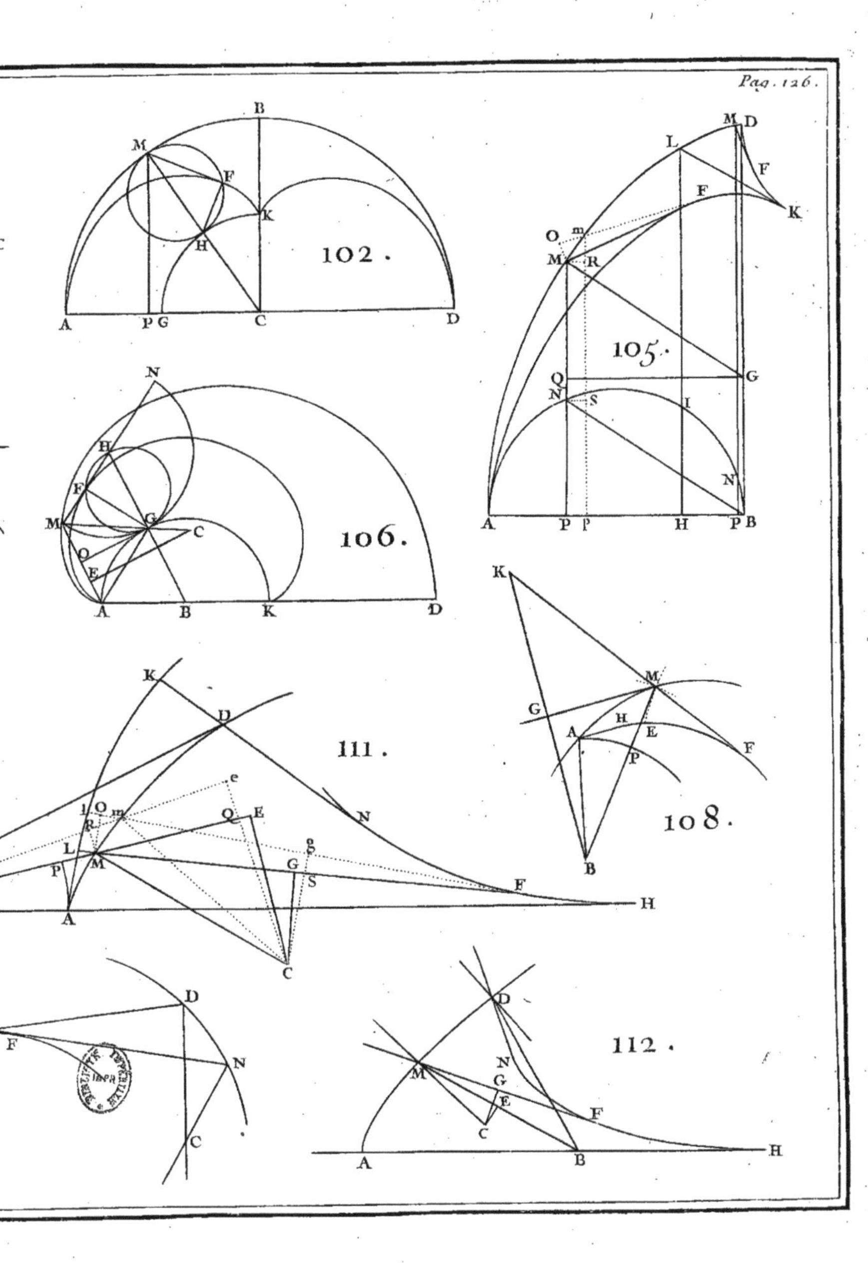
102.
105.
106.
111.
108.
112.

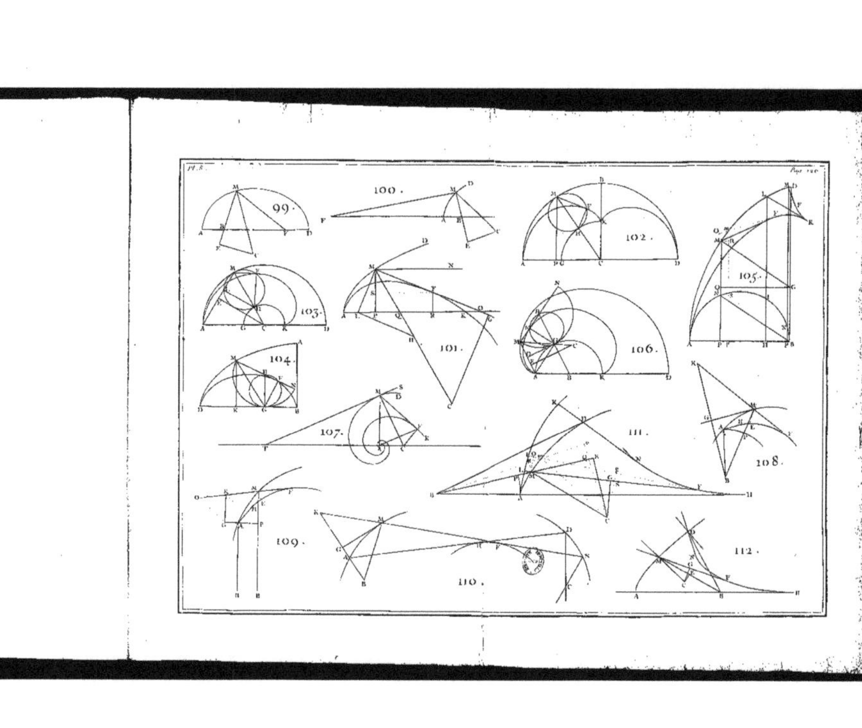

On aura *$AH \left(\frac{bm}{m-n}\right) = -2b$, c'est-à-dire que AH sera   *Art. 137.
du côté * de la convexité du quart de cercle AMD, &   *Art. 136.
double du rayon AC. Et si l'on suppose que CG ou $\frac{3}{2}CE$
soit égale à CM; il est manifeste que le rayon rompu MF
touchera le cercle AMD en M, puisqu'alors le point G se
confondra avec le point M. D'où il suit que si l'on prend
$CE = \frac{2}{3}CD$, le point M tombera au point N où la caustique HFN *touche le quart de cercle AMD. Mais lors-   *Art. 137.
que CE surpasse $\frac{2}{3}CD$, les rayons incidens BM ne pour-
ront plus se rompre, c'est-à-dire passer du verre dans l'air ;
puisqu'il est impossible que CG perpendiculaire sur le rayon
rompu MG, soit plus grande que CM : de sorte que tous
les rayons qui tomberont sur la partie ND se réfléchiront.

Si l'on mene AP parallele à CD; il est clair * que la   *Art. 132.
portion $FH = AH - MF + \frac{3}{2}PM$: de sorte que menant
NK parallele à CD, la caustique entiere $HFN = 2CA$
$+ \frac{3}{2}AK = \frac{7 - \sqrt{5}}{2}CA$.

EXEMPLE II.

140. **S**OIT la courbe AMD une logarithmique spira-   Fig. 117.
le qui ait pour centre le point A duquel partent tous les
rayons incidens AM.

Il est clair *que le point E tombe sur le point A, c'est-   *Art. 91.
à-dire que $a = y$. Si donc l'on met à la place de a sa va-
leur y dans $\frac{bbmy}{bmy - any + aan}$ valeur *de MF lorsque la cour-   *Art. 133.
be est concave du côté du point lumineux; on aura $MF = b$:
d'où l'on voit que le point F tombe sur le point G.

Si l'on mene la droite AG, & la tangente MT; l'angle
AGO complément à deux droits de l'angle AGM, sera égal
à l'angle AMT. Car le cercle qui a pour diametre la ligne
CM, passant par les points A & G, les angles AGO, AMT
ont chacun pour mesure la moitié du même arc AM. Il
est donc évident que la caustique AGN est la même lo-

garithmique fpirale que la donnée AMD, & qu'elle n'en différe que par fa pofition.

PROPOSITION II.

Problême.

Fig. 118.

141. LA *cauftique* HF *par réfraction étant donnée avec fon point lumineux* B, & *la raifon de* m *à* n; *trouver une infinité de courbes telles que* AM, *dont elle foit cauftique par réfraction.*

Ayant pris à difcrétion fur une tangente quelconque HA, le point A pour un des points de la courbe AM, on décrira du centre B & de l'intervalle BA l'arc de cercle AP, & d'un autre intervalle quelconque BM un autre arc de cercle; & ayant pris $AE = \frac{n}{m} PM$, on décrira en envelopant la cauftique HF une ligne courbe EM, qui coupera l'arc de cercle décrit de l'intervalle BM, en un point

**Art. 132.*

M qui fera à la courbe cherchée. Car * $PM. AE$ ou ML $:: m. n.$

AUTRE SOLUTION.

142. ON cherchera fur une tangente quelconque FM, autre que HA, le point M tel que $HF + FM + \frac{n}{m} BM$ $= HA + \frac{n}{m} BA$. C'eft-pourquoy fi l'on prend $FK = \frac{n}{m} BA$ $+ AH - FH$, & qu'on trouve fur FK un point M tel que

**Art. 132.*

Fig. 119.

$MK = \frac{n}{m} BM$, il fera * celuy qu'on cherche. Or cela fe peut faire en décrivant une ligne courbe GM telle que menant d'un de fes points quelconques M aux points donnés B, K, les droites MB, MK, elles ayent toûjours entr'elles un même rapport que m à n. Il n'eft donc queftion que de trouver la nature de ce lieu.

Soit pour cet effet menée MR perpendiculaire fur BK, & nommée la donnée BK, a; & les indéterminées BR, x; RM, y. Les triangles réctangles BRM, KRM donneront $BM = \sqrt{xx + yy}$, & $KM = \sqrt{aa - 2ax + xx + yy}$:

de

de sorte que pour remplir la condition du problême, l'on aura $\sqrt{xx + yy} . \sqrt{aa - 2ax + xx + yy} :: m . n$. D'où l'on tire $yy = \frac{2ammx - aamm}{mm - nn} - xx$, qui est un lieu au cercle que l'on construira ainsi.

Soit prise $BG = \frac{am}{m + n}$, & $BQ = \frac{am}{m - n}$, & soit décrit du diametre GQ la demi-circonférence GMQ : je dis qu'elle sera le lieu requis. Car ayant QR ou $BQ - BR = \frac{am}{m - n} - x$, & RG ou $BR - BG = x - \frac{am}{m + n}$; la propriété du cercle, qui donne $QR \times RG = \overline{RM}^2$, donnera en termes analytiques $yy = \frac{2ammx - aamm}{mm - nn} - xx$.

Si les rayons incidens BA, BM sont paralleles à une droi-   Fɪɢ. 120. te donnée de position, la premiere solution aura toûjours lieu ; mais celle-ci deviendra inutile, & on pourra luy substituer la suivante.

Soit prise $FL = AH - HF$; & ayant mené LG parallele à AB & perpendiculaire sur AP, on prendra $LO = \frac{n}{m} LG$, & on tirera LP parallele à GO ; & PM parallele à GL. Il est clair * que le point M sera celuy qu'on cher-   *Art. 132. che ; car puisque $LO = \frac{n}{m} LG$, $ML = \frac{n}{m} PM$.

Si la caustique FH par réfraction, se réünit en un point ; les courbes AM deviennent les Ovales de *Descartes*, qui ont fait tant de bruit parmi les Geometres.

COROLLAIRE I.

143. Oɴ démontre de même que dans les caustiques par réfléxion *, que les courbes AM sont de nature différente   *Art. 130. entr'elles, & qu'elles ne sont geométriques que lorsque la caustique HF par réfraction est geométrique & réctifiable.

COROLLAIRE II.

144. Uɴᴇ ligne courbe AM étant donnée avec le   Fɪɢ. 121. point lumineux B, & la raison de m à n ; trouver une infi-

nité de lignes telles que DN, en sorte que les rayons rompus MN se rompent de nouveau à la rencontre de ces lignes DN pour se réünir en un point donné C.

Si l'on imagine que la ligne courbe HF soit la caustique par réfraction de la courbe donnée AM, formée par le point lumineux B; il est clair que cette même ligne HF doit être aussi la caustique par réfraction de la courbe cherchée DN, ayant pour point lumineux le point donné C. C'est-pourquoy * $\frac{n}{m} BA + AH = \frac{n}{m} BM + MF + FH$, & $NF + FH - \frac{n}{m} NC = HD - \frac{n}{m} DC$; & partant $\frac{n}{m} BA + AH = \frac{n}{m} BM + MN + HD - \frac{n}{m} DC + \frac{n}{m} NC$; & transposant à l'ordinaire, $\frac{n}{m} BA - \frac{n}{m} BM + \frac{n}{m} DC + AD = MN + \frac{n}{m} NC$. Ce qui donne cette construction.

*Art. 132.

Ayant pris à discrétion sur un rayon rompu quelconque AH le point D pour un de ceux de la courbe cherchée DN, on prendra sur un autre rayon rompu quelconque MF la partie $MK = \frac{n}{m} BA - \frac{n}{m} BM + \frac{n}{m} DC + AD$; & ayant trouvé, comme ci-dessus *, le point N tel que $NK = \frac{n}{m} NC$, il est clair * qu'il sera à la courbe DN.

*Art. 142.

*Art. 132.

C O R O L L A I R E G E'N E'R A L

Pour les trois séctions précédentes.

145. IL est manifeste * qu'une ligne courbe n'a qu'une seule dévelopée, qu'une seule caustique par réfléxion, & qu'une seule par réfraction, le point lumineux & le raport des sinus étant donnés, lesquelles lignes sont toûjours geométriques & réctifiables lorsque cette courbe est geométrique. Au lieu qu'une même ligne courbe peut être la dévelopée, & l'une & l'autre caustique dans le même raport des sinus, & dans la même position du point lumineux, commune à infinité de lignes tres-différentes entr'elles, & qui ne sont geométriques que lorsque cette courbe est geométrique & réctifiable.

*Art. 80. 85. 107. 108. 114. 115. 128. 129. 134. 143.

SECTION VIII.

Usage du calcul des différences pour trouver les points des lignes courbes qui touchent une infinité de lignes données de position, droites ou courbes.

PROPOSITION I.

Problême.

146. SOIT donnée une ligne quelconque AMB, *qui ait* FIG. 122. *pour axe la droite* AP ; *soient de plus entenduës une infinité de paraboles* AMC, AmC, *qui paffent toutes par le point* A, & *qui ayent pour axes les appliquées* PM, pm. *Il faut trouver la ligne courbe qui touche toutes ces paraboles.*

Il eſt clair que le point touchant de chaque parabole *AMC* eſt le point d'interſéction C où la parabole *AmC*, qui en eſt infiniment proche, la coupe. Cela poſé, & ayant mené *CK* parallele à *MP*, ſoient nommées les données *AP*, x ; *PM*, y ; & les inconnuës *AK*, u ; *KC*, z. On aura par la propriété de la parabole, $\overline{AP}^2$ (xx). $\overline{PK}^2$ $(uu - 2ux + xx) :: MP\ (y).\ MP - CK\ (y - z).$ Ce qui donne $zxx = 2uxy - uuy$, qui eſt l'équation commune à toutes les paraboles telles que *AMC*. Or je remarque que les inconnuës *AK* (u) & *KC* (z) demeurent les mêmes, pendant que les données *AP* (x) & *PM* (y) varient en devenant *Ap* & *pm* ; & qu'il n'arrive que *KC* (z) demeure la même, que lorſque le point C eſt celuy d'interſéction : car il eſt viſible que par tout ailleurs la droite *KC* coupera les deux paraboles *AMC*, *AmC* en deux difſérens points, & qu'elle aura par-conſéquent deux valeurs qui répondront à la même de *AK*. C'eſt-pourquoy ſi l'on traitte u & z comme conſtantes, en prenant la différence de l'équation que l'on vient de trouver, on déterminera le point C à être celuy d'interſéction. On aura donc $2zxdx = 2uxdy + 2uydx - uudy$: d'où l'on tire l'inconnuë

$AK\ (u) = \dfrac{2xx\,dy - 2yx\,dx}{x\,dy - 2y\,dx}$ en mettant pour z sa valeur $\dfrac{2uxy - uuy}{xx}$; & la nature de la courbe AMB étant donnée, on trouvera une valeur de dy en dx, laquelle étant substituée dans la valeur de AK, cette inconnuë sera enfin exprimée en termes entiérement connus & délivrés des différences. Ce qui étoit proposé.

Si au lieu des paraboles AMC, on proposoit d'autres lignes droites ou courbes dont la position fût déterminée, on résoudroit toûjours le Problême à peu prés de la même maniére : & c'est ce que l'on verra dans les Propositions suivantes.

E X E M P L E.

147. Qu e l'équation $xx = 4ay - 4yy$ exprime la nature de la courbe AMB : elle sera une demi-ellipse qui aura pour petit axe, la droite $AB = a$ perpendiculaire sur AP, & dont le grand axe sera double du petit.

On trouve $x\,dx = 2a\,dy - 4y\,dy$; & partant AK $\left(\dfrac{2xx\,dy - 2xy\,dx}{x\,dy - 2y\,dx}\right) = \dfrac{ax}{y} = u$. D'où il suit que si l'on prend AK quatriéme proportionnelle à MP, PA, AB, & qu'on mene KC perpendiculaire sur AK ; elle ira couper la parabole AMC au point cherché C.

Pour avoir la nature de la courbe qui touche toutes les paraboles, ou qui passe par tous les points C ainsi trouvés, on cherchera l'équation qui exprime la relation de $AK\ (u)$ à $KC\ (z)$ en cette sorte. Mettant à la place de u sa valeur $\dfrac{ax}{y}$ dans $zxx = 2uxy - uuy$, l'on en tire $y = \dfrac{aa}{2a - z}$; & partant x ou $\dfrac{uy}{a} = \dfrac{au}{2a - z}$. Si donc l'on met ces valeurs à la place de x & y dans $xx = 4ay - 4yy$, on formera l'équation $uu = 4aa - 4az$ où x & y ne se rencontrent plus, & qui exprime la relation de AK à KC. D'où l'on voit que la courbe cherchée est une parabole qui a pour axe la ligne BA, pour sommet le point B, pour foyer le point A, & dont le parametre par-conséquent est quadruple de AB.

On vient de trouver $y = \frac{aa}{2a-z}$, d'où l'on tire KC (z) $= \frac{2ay-aa}{y}$. Or comme cette valeur est positive lorsque $2y$ surpasse a, négative lorsqu'il est moindre, & nulle lorsqu'il luy est égal : il s'ensuit que le point touchant C tombe au dessus de AP dans le premier cas, comme l'on avoit supposé en faisant le calcul ; au dessous dans le second, & enfin sur AP dans le troisiéme.

Si l'on mene la droite AC qui coupe MP en G ; je dis que $MG = BQ$, & que le point G est le foyer de la parabole AMC. Car 1°. $AK \left(\frac{ax}{y}\right)$. $KC \left(\frac{2ay-aa}{y}\right) :: AP$ (x). $PG = 2y-a$. & partant $MG = a-y = BQ$. 2°. Le parametre de la parabole AMC, est $= 4a-4y$ en mettant pour xx sa valeur $4ay-4yy$; & partant MG $(a-y)$ est la quatriéme partie du parametre : d'où l'on voit que le point G est le foyer de la parabole ; & qu'ainsi l'angle BAC doit être divisé en deux également par la tangente en A.

Il suit de ce que le parametre de la parabole AMC est quadruple de BQ, que le sommet M tombant en A, le parametre sera quadruple de AB ; & qu'ainsi la parabole, qui a pour sommet le point A, est asymptotique de celle qui passe par tous les points C.

Comme la parabole BC touche toutes les paraboles telles que AMC ; il est clair que toutes ces paraboles couperont la ligne déterminée AC en des points qui seront plus proches du point A que le point C. Or l'on démontre dans la Balistique (en supposant que AK soit horizontale) que toutes les paraboles telles que AMC marquent le chemin que décrivent en l'air les Bombes qui seroient jettées par un Mortier placé en A dans toutes les élevations possibles avec la même force. D'où il suit que si l'on mene une droite qui divise par le milieu l'angle BAC ; elle marquera la position que doit avoir le mortier, afin que la bombe qu'il jette, tombe sur le plan AC donné de position, en un point C plus éloigné du mortier, qu'en toute autre élévation.

R iij

PROPOSITION II.

Problême.

Fig. 123.

148. Soit *donnée une courbe quelconque* AM, *qui ait pour axe la droite* AP; *trouver une autre courbe* BC *telle qu'ayant mené à diſcrétion l'appliquée* PM, *& la perpendiculaire* PC *à cette courbe, ces deux lignes* PM, PC *ſoient toûjours égales entr'elles.*

Si l'on conçoit une infinité de cercles décrits des centres P, p, & des rayons PC, pC égaux à PM, pm; il eſt clair que la courbe cherchée BC doit toucher tous ces cercles, & que le point touchant C de chaque cercle eſt le point d'interſéction où le cercle qui en eſt infiniment proche, le coupe. Cela poſé, ſoit menée CK perpendiculaire ſur AP; ſoient nommées les données & variables AP, x; PM où PC, y; les inconnuës & conſtantes AK, u; KC, z; & l'on aura par la propriété du cercle $\overline{PC}^2 = \overline{PK}^2 + \overline{KC}^2$, c'eſt-à-dire en termes analytiques $yy = xx - 2ux + uu + zz$, qui eſt l'équation commune à tous ces cercles, dont la différence eſt $2ydy = 2xdx - 2udx$: d'où l'on tire PK $\left(x - u = \frac{ydy}{dx} \right.$; ce qui donne cette conſtruction générale.

Soit menée MQ perpendiculaire à la courbe AM; & ayant pris $PK = PQ$, ſoit tirée KC parallele à PM: je dis qu'elle rencontrera le cercle décrit du centre P & du rayon $PC = PM$ au point C où il touche la courbe cherchée BC. Ce qui eſt évident; puiſque $PQ = \frac{ydy}{dx}$.

On peut encore trouver la valeur de PK de cette autre maniére.

Ayant mené PO perpendiculaire ſur Cp, les triangles réctangles pOP, PKC ſeront ſemblables; & partant Pp (dx). Op $(dy) :: PC. (y). PK = \frac{ydy}{dx}$.

Lorſque $PQ = PM$, il eſt clair que le cercle décrit du rayon PC, touchera KC au point K: de ſorte que le point touchant C se confondra avec le point K, & tombera par-conséquent sur l'axe.

Mais lorsque PQ surpassera PM, le cercle décrit du rayon PC ne pourra toucher la courbe BC; puisqu'il ne pourra rencontrer la droite KC en aucun point.

EXEMPLE.

149. SOIT la courbe donnée AM, une parabole qui ait pour équation $ax = yy$. On aura PQ ou PK $(x - u)$ $= \frac{1}{2}a$; & par-conséquent $x = \frac{1}{2}a + u$, & $yy = \frac{1}{4}aa + zz$. à cause du triangle réctangle PKC. Or si l'on met ces valeurs dans $ax = yy$, on formera l'équation $\frac{1}{2}aa + au = \frac{1}{4}aa$ $+ zz$ ou $\frac{1}{4}aa + au = zz$, qui exprime la nature de la courbe BC. D'où il est clair que cette courbe est la même parabole que AM; puisqu'elles ont l'une & l'autre le même parametre a, & que son sommet B est éloigné du sommet A de la distance $BA = \frac{1}{4}a$.

PROPOSITION III.

Problême.

150. SOIT *donnée une ligne courbe quelconque* AM, *qui ait pour diametre la droite* AP, & *dont les appliquées* PM, pm *soient parallèles à la droite* AQ *donnée de position; &ayant mené* MQ, mq *parallèles à* AP, *soient tirées les droites* PQC, pqC. *On demande la courbe* AC *qui a pour tangentes toutes ces droites : ou ce qui est la même chose, il s'agit de déterminer sur chaque droite* PQC *le point touchant* C.

Ayant imaginé une autre tangente pqC infiniment proche de PQC, & mené CK parallele à AQ, on nommera les données & variables AP, x; PM ou AQ, y; les inconnuës & constantes AK, u; KC, z; & les triangles semblables PAQ, PKC donneront AP (x). AQ (y) $: PK$ $(x + u)$. KC $(z) = y + \frac{uy}{x}$. qui est l'équation

commune à toutes les droites telles que PC. Sa différen-
ce est $dy + \dfrac{uxdy - uydx}{xx} = o$, d'où l'on tire $AK\ (u) = \dfrac{xxdy}{ydx - xdy}$.
Ce qui donne cette construction générale.

Soit menée la tangente MT, & soit prise AK troisiéme proportionnelle à AT, AP : je dis que si l'on mene KC parallele à $A\mathcal{Q}$, elle ira couper la droite $P\mathcal{Q}C$ au point cherché C.

$$\text{Car } AT\left(\frac{ydx - xdy}{dy}\right).\ AP\ (x)\ ::\ AP\ (x)\ ::\ AK = \frac{xxdy}{ydx - xdy}.$$

E X E M P L E I.

Fig. 124.

151. Soit la courbe donnée AM, une parabole qui ait pour équation $ax = yy$. On aura $AT = AP$; d'où il suit que $AK\ (u) = x$, c'est-à-dire que le point K tombe sur le point T. Si l'on veut à présent avoir une équation qui exprime la relation de $AK\ (u)$ à $KC\ (z)$; on trouvera $KC\ (z) = zy$, puisque l'on vient de trouver que PK est double de AP. Mettant donc à la place de x & y leurs valeurs u & $\frac{1}{2}z$ dans $ax = yy$, on aura $4au = zz$: d'où l'on voit que la courbe AC est une parabole qui a pour sommet le point A, & pour parametre une ligne quadruple du parametre de la parabole AM.

E X E M P L E II.

Fig. 125.

152. Soit la courbe donnée AM, un quart de cercle BMD qui ait pour centre le point A, & pour rayon la ligne AB ou AD, que j'appelle a. Il est clair que $P\mathcal{Q}$ est toûjours égale au rayon AM ou AB, c'est-à-dire qu'elle est par tout la même : de sorte que l'on peut concevoir que ses extrémités P, $\mathcal{Q}$ glissent le long des côtés BA, AD de l'angle droit BAD. On aura $AK\ (u) = \dfrac{x^3}{aa}$, puisque $AT = \dfrac{aa}{x}$; & les paralleles KC, $A\mathcal{Q}$ donneront $AP\ (x).\ P\mathcal{Q}\ (a)\ ::\ AK\left(\dfrac{x^3}{aa}\right).\ \mathcal{Q}C = \dfrac{xx}{a}$. D'où l'on voit que pour avoir le point touchant C, il n'y a qu'à prendre $\mathcal{Q}C$ troisiéme

propor-

proportionnelle à PQ & AP. Si l'on cherche l'équation qui exprime la nature de la courbe BCD, on trouvera celle-ci,

$$u^6 - 3aau^4 + 3a^4uu - a^6 = 0.$$
$$+ 3zz \quad + 21aazz \quad + 3a^4zz$$
$$+ \quad 3z^4 \quad - 3aaz^4$$
$$+ \quad z^6$$

COROLLAIRE I.

153. Sɪ l'on veut chercher le rapport de la portion DC de la courbe BCD à sa tangente CP, l'on imaginera une autre tangente cp infiniment proche de CP; & ayant décrit du centre C le petit arc PO, l'on aura $cp - CP$ ou Op — $Cc = -\frac{2xdx}{a}$, pour la différence de $CP = \frac{aa - xx}{a}$: d'où l'on tire $Cc = Op + \frac{2xdx}{a}$. Or à cause des triangles réctangles QPA, PpO, l'on aura PQ (a). AP (x) :: Pp (dx). $Op = \frac{xdx}{a}$. & partant $Cc = \frac{3xdx}{a} = DC - Dc$. Il est donc manifeste qu'en quelque endroit que l'on prenne le point C, l'on aura toûjours $DC - Dc$ $\left(\frac{3xdx}{a}\right)$. $CP - cp$ $\left(\frac{2xdx}{a}\right)$ :: 3.2. D'où il suit que la somme de toutes les différences $DC - Dc$ qui répondent à la droite PD, c'est-à-dire * la portion DC de la courbe BCD, est à la somme de toutes les différences $CP - cp$ qui répondent à la même droite PD, c'est-à-dire* à la tangente CP :: 3.2. Et de même que la courbe entière BCD est à sa tangente BA :: 3.2.

*Art. 96.

*Art. 96.

COROLLAIRE II.

154. Sɪ l'on dévelope la courbe BCD en commençant par le point D, on formera la ligne courbe DNF telle que CN. CP :: 3.2. puisque CN est toûjours égale à la portion DC de la courbe BCD. D'où il suit que les sécteurs semblables CNn, CPO sont entr'eux :: 9.4. & partant que l'espace DCN renfermé par les courbes DC, DN, & par la droite CN qui est tangente en C & perpendiculaire en

S

N, eſt à l'eſpace DCP renfermé par la courbe DC, & par les deux tangentes DP, CP, comme *9*. à *4*.

C O R O L L A I R E III.

155. $\mathbf{L}$ E centre de peſanteur du ſecteur CNn doit être ſitué ſur l'arc PO; puiſque $CP = \frac{2}{3} CN$. Et comme cet arc eſt infiniment petit, il s'enſuit que ce centre doit être ſur la droite AD; & partant que le centre de peſanteur des eſ-eſpaces DCN, BDF, qui ſont compoſés de tous ces ſecteurs, doit être ſur cette droite AD : de ſorte que ſi l'on décrivoit de l'autré côté de BF une figure toute pareille à BDF, le centre de peſanteur de la figure entiére ſeroit au point A.

C O R O L L A I R E IV.

156. $\mathbf{A}$ cauſe des triangles rectangles ſemblables PQA, pPO, l'on aura $PQ\,(a)$. AQ ou $PM\,(\sqrt{aa-xx})$ :: $Pp\,(dx)$. PO $= \frac{dx\sqrt{aa-xx}}{a}$. Et à cauſe des ſecteurs ſemblables CPO, CNn, l'on aura auſſi CP. CN, ou $2, 3$ :: $PO\left(\frac{dx\sqrt{aa-xx}}{a}\right)$. Nn $= \frac{3\,dx\sqrt{aa-xx}}{2a}$. Or le rectangle $MP \times Pp$, c'eſt-à-dire *le

petit eſpace circulaire $MPpm = dx\sqrt{aa-xx}$. On aura donc $AB \times Nn = \frac{3}{2} MPpm$: d'où il ſuit que la portion ND de la courbe DNF étant multipliée par le rayon AB, eſt ſeſquialtére du ſegment circulaire DMP, & que la courbe entiére DNF eſt égale aux trois quarts de BMD quatriéme partie de la circonférence du cercle.

P R O P O S I T I O N IV.

Problême.

157. $\mathbf{S}$ O I T *donnée une courbe quelconque* AM, *qui ait pour axe la droite* AP; *& ſoient entenduës une infinité de perpendiculaires* MC, mC *à cette courbe. On demande la courbe*

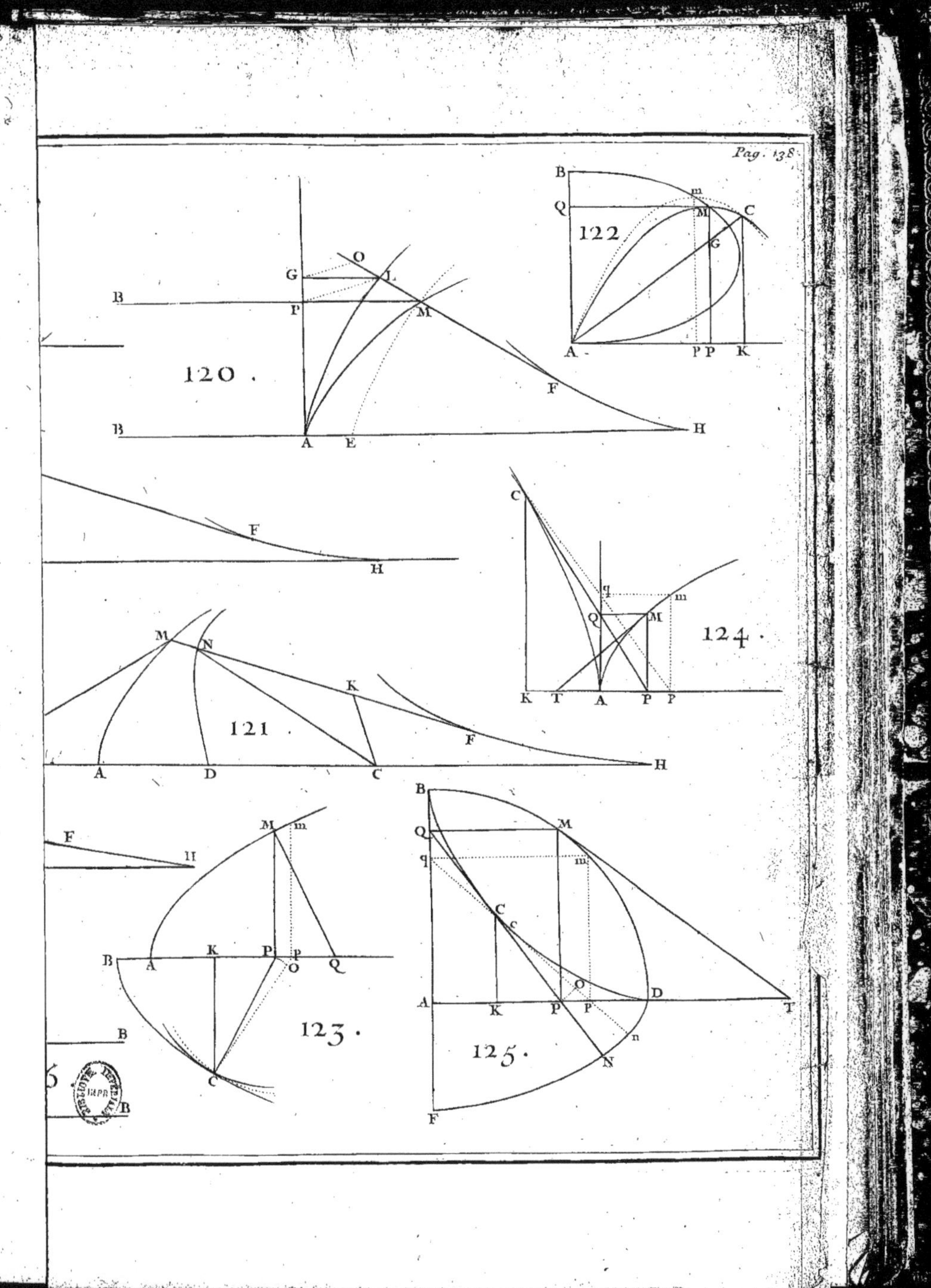
120.
121.
122
123.
124.
125.

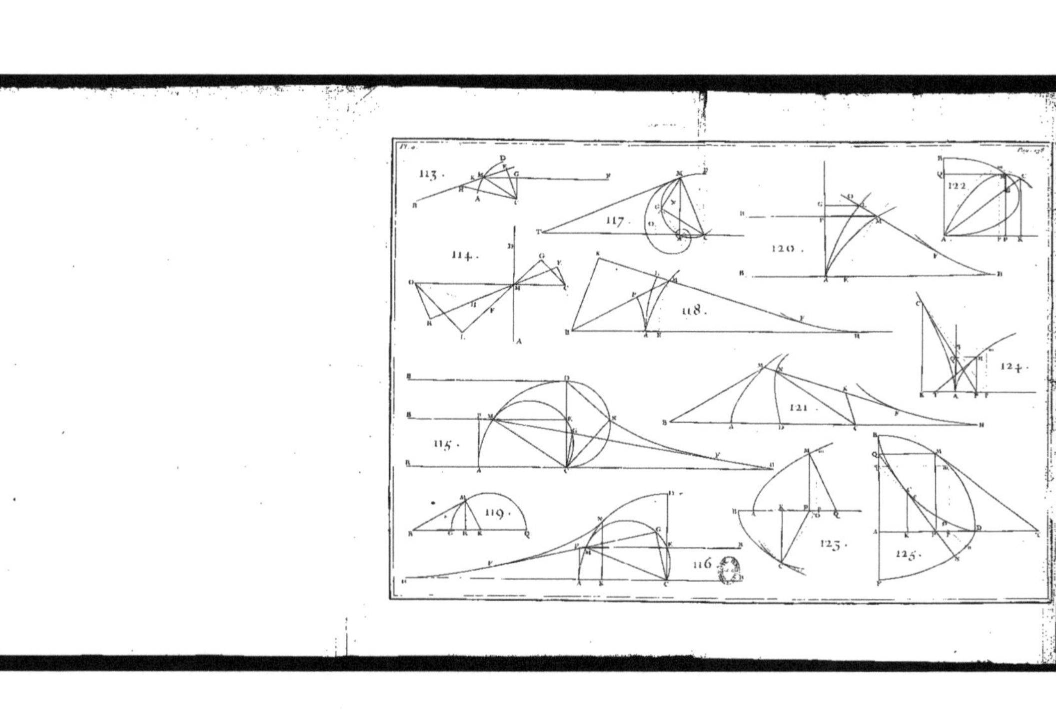

qui a pour tangentes toutes ces perpendiculaires : ou ce qui est la même chose, il faut trouver sur chaque perpendiculaire MC *le point touchant* C.

Ayant imaginé une autre perpendiculaire *mC* infiniment proche de *MC*, avec une appliquée *MP*, l'on menera par le point d'interſection *C* les droites *CK* perpendiculaire & *CE* parallele à l'axe : ayant enſuite nommé les données & variables AP, x ; PM, y ; les inconnuës & conſtantes AK, u ; KC, z ; l'on aura $PQ = \frac{ydy}{dx}$, PK ou $CE = u - x$, $ME = y + z$; & les triangles réctangles ſemblables MPQ, MEC donneront $MP\ (y) . PQ\ \left(\frac{ydy}{dx}\right) :: ME\ (y + z)$. $EC\ (u - x) = \frac{ydy + zdy}{dx}$. qui eſt une équation commune à toutes les perpendiculaires telles que *MC*, & dont la différence (en ſuppoſant dx conſtante) donne $- dx = \frac{yddy + dy^2 + zddy}{dx}$: d'où l'on tire $ME\ (z + y) = \frac{dx^2 + dy^2}{- ddy}$. Or la nature de la courbe *AM* étant donnée, l'on aura des valeurs de dy^2 & ddy en dx^2, leſquelles étant ſubſtituées dans $\frac{dx^2 + dy^2}{- ddy}$, donneront pour *ME* une valeur entiérement connuë & délivrée des différences. Ce qui étoit propoſé.

Il eſt évident que la courbe qui paſſe par tous les points *C*, eſt la Dévelopée de la courbe *AM* ; & comme l'on en a traitté exprés dans la Séction cinquiéme, il ſeroit inutile d'en dónner ici des éxemples nouveaux.

PROPOSITION V.

Problême.

158. DEUX *lignes quelconques* AM, BN *étant données* FIG.127. *avec une ligne droite* MN *qui demeure toûjours la même ; on ſuppoſe que les extrémités* M, N *de cette ligne gliſſent continuellement le long des deux autres , & l'on demande la courbe qu'elle touche toûjours dans ce mouvement.*

Ayant mené les tangentes *MT, NT*, & imaginé une au-

S ij

tre droite *mn* infiniment proche de MN, & qui la coupe par-conféquent au point C où elle touche la courbe dont il s'agit de déterminer les points. Il eſt clair que la droite MN, pour parvenir en *mn*, a parcouru par ſes extrémités les petites portions Mm, Nn des lignes AM, BN, leſquelles font communes à cauſe de leur infinie petiteſſe, aux tangentes TM, TN : de ſorte que l'on peut concevoir que la ligne MN pour parvenir dans la ſituation infiniment proche *mn*, ait gliſſé le long des droites TM, TN données de poſition.

Cela bien entendu, ſoient menées ſur NT les perpendiculaires MP, CK ; ſoient nommées les données & variables TP, x ; PM, y ; les inconnuës & conſtantes TK, u ; KC, z ; & la donnée MN qui demeure par toute la même, a. Le triangle réctangle MPN donnera $PN = \sqrt{aa - yy}$; & à cauſe des triangles ſemblables NPM, NKC, l'on aura NP $(\sqrt{aa - yy})$. PM $(y) :: NK$ $(u - x - \sqrt{aa - yy})$. KC $(z) = \dfrac{uy - xy}{\sqrt{aa - yy}} - y$. dont la différence donne $aaudy - aaxdy - aaydx + y^3 dx = \overline{aady - yydy} \sqrt{aa - yy}$: d'où en faiſant $\sqrt{aa - yy} = m$ pour abréger, l'on tire PK $(u - x)$ $= \dfrac{m^3 dy + mmy dx}{aa dy} = \dfrac{m^3 + mmx}{aa}$ en mettant pour ydx ſa valeur xdy, à cauſe des triangles ſemblables mRM, MPT ; & partant $MC = \dfrac{mm + mx}{a}$: ce qui donne cette conſtruction.

Soit menée TE perpendiculaire ſur MN, & ſoit priſe $MC = NE$: je dis que le point C ſera celuy qu'on cherche. Car à cauſe des triangles réctangles ſemblables MNP, TNE, l'on aura MN (a). NP $(m) :: NT$ $(m + x)$. NE ou $MC = \dfrac{mm + mx}{a}$.

Autre maniére. Ayant mené TE perpendiculaire ſur MN, & décrit du centre C les petits arcs MS, NO, on nommera les données NE, r ; ET, s ; MN, a ; & l'inconnuë CM, t. On aura Sm ou $On = dt$; & les triangles réctangles ſem-

blables MET & mSM, NET & nON, CMS & CNO donneront
ME ($r - a$). ET (s) :: mS (dt). $SM = \frac{sdt}{r-a}$. Et NE (r).
ET (s) :: nO (dt). $ON = \frac{sdt}{r}$. Et $MS - NO$ $\left(\frac{asdt}{rr - ar}\right)$.
MS $\left(\frac{sdt}{r-a}\right)$ :: MN (a). MC (t) $= r$. Ce qui donne la
même construction que ci-dessus.

Si l'on suppose que les lignes AM, BN soient des droites qui fassent entr'elles un angle droit ; il est visible que
la courbe cherchée est la même que celle de l'article 152.

PROPOSITION VI.

Problême.

159. Soient *données trois lignes quelconques* L, M, N; Fig. 128.
& soient entenduës de chacun des points L, l *de la ligne* L
deux tangentes LM *&* LN, lm *&* ln, *aux deux courbes* M
& N, *une à chacune. On demande la quatriéme courbe* C, *qui*
ait pour tangentes toutes les droites MN, mn *qui joignent les*
points touchans des courbes M, N.

Ayant tiré la tangente LE, & mené par un de ses points
quelconques E les perpendiculaires EF, EG sur les deux
autres tangentes ML, NL, on concevra que le point l soit
infiniment prés du point L ; on tirera les petites droites LH, LK perpendiculaires sur ml, nl ; comme aussi les
perpendiculaires MP, mP, $N\mathcal{Q}$, $n\mathcal{Q}$ sur les tangentes ML, ml,
NL, nl, lesquelles perpendiculaires s'entrecoupent aux
points P & $\mathcal{Q}$. Tout cela formera les triangles réctangles
semblables EFL & LHl, EGL & LKl ; comme aussi les triangles LMH & MPm, LnK & $N\mathcal{Q}n$ réctangles en H & m, K &
N, qui seront semblables entr'eux, puisque les angles
LMH, MPm étant joints l'un ou l'autre au même angle
PMm, font un droit. On prouvera de même, que les angles LnK, $N\mathcal{Q}n$ sont égaux entr'eux.

Cela posé, on nommera le petit côté Mm du polygo-
ne qui compose la courbe M, *du* ; & les données EF, m ;
EG, n ; MN ou mn, a ; ML ou ml, b ; NL ou nl, c ; MP ou

mP, f; NQ ou nQ, g (je prens ici les droites MP, NQ pour données, parce que la nature des courbes M, N étant donnée par la suppofition, on les pourra toûjours trouver *); & l'on aura, 1°. MP (f). ML (b) $::$ Mm (du). LH
$$= \frac{bdu}{f}.\ 2^\circ.\ EF\ (m).\ EG\ (n)\ ::\ LH\ \left(\frac{bdu}{f}\right).\ LK = \frac{bndu}{mf}.$$
$$3^\circ.\ LN\ \text{ou}\ Ln\ (c).\ nQ\ (g)\ ::\ LK\ \left(\frac{bndu}{mf}\right).\ nN = \frac{bgndu}{cfm}.$$
4°. (menant MR parallele à NL ou nl) ml (b). ln (c)
$$::\ mM\ (du).\ MR = \frac{cdu}{b}.\ 5^\circ.\ MR + Nn\ \left(\frac{cdu}{b} + \frac{bgndu}{cfm}\right).$$
$$MR\ \left(\frac{cdu}{b}\right)\ ::\ MN\ (a).\ MC = \frac{accfm}{ccfm + bbgn}.$$ Ce qu'il falloit trouver.

Si la tangente EL tomboit fur la tangente ML, il eft clair que EF (m) deviendroit nulle ou zero ; & partant que le point cherché C tomberoit fur le point M. De même fi la tangente EL fe confondoit avec la tangente LN; alors EG (n) deviendroit nulle, & l'on auroit par-conféquent $MC = a$: d'où l'on voit que le point cherché C tomberoit auffi fur le point N. Et enfin fi la tangente EL tomboit dans l'angle GLI; en ce cas EG (n) deviendroit négative : ce qui donneroit alors $MC = \frac{accfm}{ccfm - bbgn}$; & le point cherché C ne tomberoit plus entre les points M & N, mais de part ou d'autre.

EXEMPLE I.

160. SUPPOSONS que les courbes M & N ne faffent qu'un cercle. Il eft clair en ce cas que $b = c$, & $f = g$; ce qui donne $MC = \frac{am}{m + n}$, d'où l'on voit qu'il ne faut alors que couper la droite MN en raifon donnée de m à n, pour avoir le point cherché C ; c'eft-à-dire en forte que MC. NC $::$ m. n.

EXEMPLE II.

161. SUPPOSONS que les courbes M & N foient une

Séction conique quelconque. La constrution générale se peut changer en cette autre qui est beaucoup plus simple, si l'on fait attention à une propriété des Séctions coniques, que l'on trouve démontrée dans les livres qui en traittent: sçavoir que si l'on mene de chacun des points L, l d'une ligne droite *EL* deux tangentes *LM* & *LN*, *lm* & *ln* à une Séction conique ; toutes les droites *MN*, *mn* qui joignent les points touchans, se couperont dans le même point *C*, par lequel passe le diametre *AC*, dont les ordonnées sont paralleles à la droite *EL*. Car il suit de là, que pour avoir le point *C*, il ne faut que mener un diametre qui ait ses ordonnées paralleles à la tangente *EL*.

Il est évident que dans le cercle, le diametre doit être perpendiculaire sur la tangente *EL* ; c'est-à-dire qu'en menant de son centre *A* une perpendiculaire *AB* sur cette tangente, elle coupera la droite *MN* au point cherché *C*.

R E M A R Q U E.

162. On peut par le moyen de ce Problême résou- Fig. 128. dre celui-ci qui dépend de la Méthode des Tangentes.

Les trois courbes *C, M, N* étant données, on fera rouler une ligne droite *MN* autour de la courbe *C*, en sorte qu'elle la touche contiñüellement ; on tirera par les points *M, N*, où elle coupe les courbes *M* & *N*, les tangentes *ML*, *NL* qui s'entrecoupent en un point *L*, lequel décrit dans ce mouvement une quatriéme courbe *Ll*. Il s'agit de tirer la tangente *LE* de cette courbe, la position des droites *MN, ML, NL* étant donnée avec le point touchant *C*.

Car il est visible que ce problême n'est que l'inverse du précédent, & qu'ici *MC* est donnée : ce qu'on cherche, c'est la raison de *EF, EG*, qui détermine la position de la tangente *EL*. C'est-pourquoy si l'on nomme la donnée *MC*, h ; l'on aura $\dfrac{accfm}{ccfm + bbgn} = h$: d'où l'on tire $m = \dfrac{bbghn}{accf - ccfh}$; & par-conséquent la tangente *LE* doit être tellement situ_ée dans l'angle donné *MLG*, que si l'on mene d'un de ſes points quelconques E les perpendiculaires EF, EG ſur les côtés de cet angle, elles ſoient toûjours entr'elles en raiſon donnée de $bbgh$ à $accf - ccfh$. Or cela ſe fait en menant MD parallele à NL, & égale à $\frac{b^3 gh}{accf - ccfh}$.

FIG. 129.
*Art. 161.

    Il eſt évident* que ſi les deux courbes M & N ne font qu'une Séction conique, il ne faudra que tirer la tangente LE parallele aux ordonnées du diametre qui paſſe par le point C.

S E C T I O N   IX.

Solution de quelques Problêmes qui dépendent des Méthodes précédentes.

P R O P O S I T I O N I.

Problême.

163. Sᴏɪᴛ *une ligne courbe* AMD (AP $=$ x, PM $=$ y, Fɪɢ. 130. AB $=$ a) *telle que la valeur de l'appliquée* y *soit exprimée par une fraction, dont le numérateur & le dénominateur deviennent chacun zero lorsque* x $=$ a, *c'est-à-dire lorsque le point* P *tombe sur le point donné* B. *On demande quelle doit être alors la valeur de l'appliquée* BD.

Soient entenduës deux lignes courbes ANB, COB, qui ayent pour axe commun la ligne AB, & qui foient télles que l'appliquée PN exprime le numérateur, & l'appliquée PO le dénominateur de la fraction générale qui convient à toutes les PM : de forte que $PM = \frac{AB \times PN}{PO}$. Il eſt clair que ces deux courbes ſe rencontreront au point B; puiſque par la ſuppoſition PN & PO deviennent chacune zero lorſque le point P tombe en B. Cela poſé, ſi l'on imagine une appliquée bd infiniment proche de BD, & qui rencontre les lignes courbes ANB, COB aux points f, g; l'on aura $bd = \frac{AB \times bf}{bg}$, laquelle * ne différe pas de BD. *Art. 2.
Il n'eſt donc queſtion que de trouver le rapport de bg à bf. Or il eſt viſible que la coupée AP devenant AB, les appliquées PN, PO deviennent nulles; & que AP devenant Ab, elles deviennent bf, bg. D'où il ſuit que ces appliquées, elles-mêmes bf, bg, font la différence des appliquées en B & b par rapport aux courbes ANB, COB; & partant que ſi l'on prend la différence du numérateur, & qu'on la diviſe par la différence du dénominateur, aprés

T

avoir fait $x = a = Ab$ ou AB, l'on aura la valeur cherchée de l'appliquée bd ou BD. Ce qu'il falloit trouver.

EXEMPLE I.

164. Soit $y = \dfrac{\sqrt{2a^3x - x^4} - a\sqrt[3]{aax}}{a - \sqrt[4]{ax^3}}$. Il est clair que lors-que $x = a$, le numérateur & le dénominateur de la fraction deviennent égaux chacun à zero. C'est-pourquoy l'on prendra la différence $\dfrac{a^3 dx - 2x^3 dx}{\sqrt{2a^3x - x^4}} - \dfrac{aadx}{3\sqrt[3]{axx}}$ du numérateur, & on la divisera par la différence $-\dfrac{3adx}{4\sqrt[4]{a^3x}}$ du dénominateur, aprés avoir fait $x = a$, c'est-à-dire qu'on divisera $-\frac{4}{3}adx$ par $-\frac{3}{4}dx$; ce qui donne $\frac{16}{9}a$ pour la valeur cherchée de BD.

EXEMPLE II.

165. Soit $y = \dfrac{aa - ax}{a - \sqrt{ax}}$. On trouve $y = 2a$, lorsque $x = a$.

On pourroit résoudre cet exemple sans avoir besoin du calcul des différences, en cette sorte.

Ayant ôté les incommensurables, on aura $aaxx + 2aaxy - axyy - 2a^3x + a^4 + aayy - 2a^3y = 0$, qui étant divisé par $x - a$, se réduit à $aax - a^3 + 2aay - ayy = 0$; & substituant a pour x, il vient comme auparavant $y = 2a$.

LEMME I.

166. Soit *une ligne courbe quelconque* BCG, *avec une ligne droite* AE *qui la touche au point* B, *& sur laquelle soient marqués à discrétion deux points fixes* A, E. *Si l'on fait rouler cette droite autour de la courbe, en sorte qu'elle la touche continüellement; il est clair que les points fixes* A, E *décriront dans ce mouvement deux courbes* AMD, ENH. *Si l'on mene à présent* DL *parallele à* AB, *& qui fasse parconséquent avec* DK *(sur laquelle je suppose la droite* AE *lorsqu'elle*

touche la courbe BCG *en* G *) l'angle* KDL *égal à l'angle*
AOD *fait par les tangentes en* B, G; & *que l'on décrive*
comme on voudra, du centre D *l'arc* KFL :

Je dis que DK.KFL :: AE.AMD ± ENH. *sçavoir* + *lorſ-*
que le point touchant tombe toûjours entre les points décrivants,
& — *lorſqu'il les laiſſe toûjours du même côté.*

Car ſuppoſant que la droite *AE* en roulant autour de
la courbe *BCG* ſoit párvenuë dans les poſitions *MCN*,
mCn infiniment proches l'une de l'autre, & menant les
rayons *DF, Df* paralleles à *CM, Cm* : il eſt clair que les ſécteurs *DFf, CMm, CNn* ſeront ſemblables; & qu'ainſi *DF.Ff*
:: *CM.Mm* :: *CN.Nn* :: *CM* ± *CN* ou *AE.Mm* ± *Nn*. Or
comme cela arrivera toûjours en quelqu'endroit que ſe
trouve le point touchant *C*, il s'enſuit que le rayon *DK* eſt
à l'arc *KFL* ſomme de tous les petits arcs *Ff* :: *AE. AMD*
± *ENH* ſomme de tous les petits arcs *Mm* ± *Nn*. Ce qu'il
falloit démontrer.

<h3 align="center">COROLLAIRE I.</h3>

167. IL eſt viſible que les courbes *AMD, ENH* ſont
formées par le dévelopement de la même courbe *BCG*;
& qu'ainſi la droite *AE* eſt toûjours perpendiculaire ſur
ces deux courbes dans toutes les poſitions où elle ſe rencontre : de ſorte que leur diſtance eſt par tout la même;
ce qui eſt la propriété des lignes paralleles. D'où l'on voit
qu'une ligne courbe *AMD* étant donnée, on peut trouver
une infinité de points de la courbe *ENH* ſans avoir be-
ſoin de ſa dévelopée *BCG*, en menant autant de perpendiculaires que l'on voudra à cette courbe, & les prenant
toutes égales à la droite *AE*.

<h3 align="center">COROLLAIRE II.</h3>

168. SI la courbe *BCG* a ſes deux moitiés *BC, CG* entiérement ſemblables & égales, & que l'on prenne les
droites *BA, GH* égales entr'elles; il eſt clair que les courbes *AMD, ENH* ſeront ſemblables & égales, en ſorte

T ij

qu'elles ne différeront que par leur position. D'où il suit que la courbe AMD sera à l'arc de cercle $KFL :: \frac{1}{2} AE$. DK. c'est-à-dire en raison donnée.

Proposition II.

Problême.

FIG. 132.

169. Soient *deux courbes quelconques* AEV, BCG, *avec une troisiéme* AMD *telle qu'ayant décrit par le dévelopement de la courbe* BCG *une portion de courbe* EM, *la relation des portions de courbes* AE, EM, & *des rayons de la dévelopée* EC, MG *soit exprimée par une équation quelconque donnée. On propose de mener d'un point donné* M *sur la courbe* AMD *la tangente* MT.

Ayant imaginé une autre portion de courbe *em* infiniment proche de *EM*, & les rayons de la developée *CeF*, *GmR* ; Soit 1°. *CH* perpendiculaire sur *CE*, & qui rencontre en *H* la tangente *EH* de la courbe *AEV*. 2°. *ML* parallele à *CE*, & qui rencontre en *L* l'arc *GL* décrit du centre *M* & du rayon *MG*. 3°. *GT* perpendiculaire sur *MG*, & qui rencontre en *T* la tangente cherchée *MT*.

On nommera ensuite les données AE, x ; EM, y ; CE, u ; GM, z ; CH, s ; EH, t ; l'arc GL, r : d'où l'on aura $Ee = dx$, Fe ou $Rm = du = dz$; & les triangles réctangles semblables eFE, ECH donneront $CE\ (u)$. $CH\ (s) :: Fe\ (dz)$. $FE = \frac{sdz}{u}$. Et $CE\ (u)$. $EH\ (t) :: Fe\ (dz)$. $Ee\ (dx) = \frac{tdz}{u}$,

Or par le Lemme* $RF - me = \frac{rdz}{z}$; & partant $RM\ (\overline{RF - me} + \overline{me - ME} + \overline{ME - MF}) = \frac{rdz}{z} + dy + \frac{sdz}{u}$. Donc à cause des triangles réctangles semblables mRM, MGT, l'on aura $mR\ (dz)$. $RM\ \left(\frac{rdz}{z} + \frac{sdz}{u} + dy\right) :: MG\ (z)$. $GT = r + \frac{sz}{u} + \frac{zdy}{dz}$. Mais si l'on met dans la différence de l'équation donnée à la place de du & dx leurs valeurs dz & $\frac{tdz}{u}$, l'on trouvera une valeur de dy en dz, laquelle étant subſtituée dans $\frac{zdy}{dz}$, il viendra pour la ſoutangente cherchée GT une valeur entiérement connuë & délivrée des différences. Ce qui étoit propoſé.

Si l'on ſuppoſe que la courbe BCG ſe réüniſſe en un point O; il eſt viſible que la portion de courbe ME (y) ſe change en un arc de cercle égal à l'arc GL (r), & que les rayons CE (u), GM (z) de la dévelopée deviennent égaux entr'eux: de ſorte que GT, qui devient en ce cas OT, ſe trouvera $= y + s + \frac{zdy}{dz}$. Fig. 133.

EXEMPLE.

170. $\mathbf{S}$ OIT $y = \frac{xz}{a}$; les différences donneront dy $= \frac{zdx - xdz}{a}$ (on prend $*- xdz$ au lieu de $+ xdz$; parce que x & y croiſſant, z diminuë) $= \frac{tdz - xdz}{a}$, en mettant pour dx ſa valeur $\frac{tdz}{z}$; & partant OT ($y + s$ $+ \frac{zdy}{dz}$) $= y + s + \frac{tz - xz}{a} = \frac{as + tz}{a}$, en mettant pour $\frac{xz}{a}$ ſa valeur y. Fig. 133. *Art. 8.

REMARQUE.

171. $\mathbf{S}$ I le point O tombe ſur l'axe AB, & que la courbe AEV ſoit un demi-cercle; la courbe AMD ſera une demi-roulette, formée par la révolution d'un demi-cercle BSN autour d'un arc égal BGN d'un cercle décrit du centre O, & dont le point générateur A tombera dehors, dedans, ou ſur la circonférence du demi-cercle mobile BSN, ſelon que la donnée a ſera plus grande, moindre, ou égale à OV. Pour le prouver, & déterminer en même temps le point B. Fig. 134.

Je ſuppoſe ce qui eſt en queſtion, ſçavoir que la courbe AMD eſt une demi-roulette, formée par la révolution du demi-cercle BSN, qui a pour centre le point K centre du demi-cercle AEV, autour de l'arc BGN décrit du centre O; & concevant que ce demi-cercle BSN s'arrête dans la ſituation BGN telle que le point décrivant A tom-

T iij

be fur le point M, je mene par les centres des cercles générateurs la droite OK qui paffe par-conféquent par le
point touchant G; & tirant KSE, j'obferve que les triangles OKE, OKM font égaux & femblables, puifque leurs
trois côtés font égaux chacun à chacun. D'où il fuit
1°. Que les angles extrêmes MOK, EOK font égaux; &
qu'ainfi les angles MOE, GOB le font auffi : ce qui donne GB. ME :: OB. OE. 2°. Que les angles MKO, EKO font
encore égaux; & qu'ainfi les arcs GN, BS, qui les mefurent, le font auffi : la même chofe fe doit dire de leurs com-
plémens GB, SN, à deux droits; puifqu'ils appartiennent
à des cercles égaux. Or par la génération de la roulette,
l'arc GB du cercle mobile eft égal à l'arc GB de l'immobile. J'auray donc SN. ME :: OB. OE. Cela pofé,

Je nomme les données OV, b; KV ou KA, c; & l'inconnuë KB, u. J'ay $OB = b + c - u$; & les fécteurs femblables KEA, KSN me donnent KE (c). KS (u) :: AE
(x). $SN = \frac{ux}{c}$. Et partant OB ($b + c - u$). OE (z)
:: SN $\left(\frac{ux}{c}\right)$. EM (y) $= \frac{uxz}{bc + cc - cu} = \frac{xz}{a}$. D'où je tire
KB (u) $= \frac{bc + cc}{a + c}$. Il eft donc évident que fi l'on prend
$KB = \frac{bc + cc}{a + c}$, & qu'on décrive des centres K & O le demi-
cercle BSN & l'arc BGN; la courbe AMD fera une demi-roulette décrite par la révolution du demi-cercle
BSN autour de l'arc BGN, & dont le point décrivant A
tombe dehors, dedans, ou fur la circonférence de ce cercle, felon que KV (c) eft plus grand, moindre, ou égal à
KB $\left(\frac{bc + cc}{a + c}\right)$, c'eft-à-dire felon que a eft plus grand, moindre, ou égal à OV (b).

COROLLAIRE I.

172. IL eft clair que EM (y). AE (x) :: $KB \times OE$ (uz).
$OB \times KV$ ($bc + cc - uc$). Or fi l'on fuppofe que OB devienne infinie; la droite OE le fera auffi, & deviendra pa-
rallèle à OB, puifqu'elle ne la rencontrera jamais; les

arcs concentriques *BGN, EM* deviendront des droites paralleles entr'elles, & perpendiculaires fur *OB, OE* : & alors
la droite *EM* fera à l'arc *AE :: KB. KV.* parce que les droites infinies *OE, OB* ne différant entr'elles que d'une grandeur finie, doivent être regardées comme égales.

COROLLAIRE II.

173. De ce que les angles *MKO, EKO* font égaux, il fuit
que les triangles *MKG, EKB* feront égaux & femblables ;
& qu'ainfi les droites *MG, EB* font égales entr'elles. D'où
l'on voit* que pour mener d'un point donné *M* fur la rou-   * *Art. 43.*
lette, la perpendiculaire *MG*, il n'y a qu'à décrire du centre *O* l'arc *ME*, & du centre *M* de l'intervalle *EB* un arc de
cercle qui coupera la bafe *BGN* en un point *G*, par où &
par le point donné *M* l'on tirera la perpendiculaire requife.

COROLLAIRE III.

174. Un point *G* étant donné fur la circonférence du
demi-cercle mobile *BGN* ; fi l'on veut trouver le point *M*
de la roulette fur lequel tombe le point décrivant *A* lorfque le point donné *G* touche la bafe, il ne faut que prendre l'arc *SN* égal à l'arc *BG*, & ayant tiré le rayon *KS* qui
rencontre en *E* la circonférence *AEV*, décrire du centre
O l'arc *EM*. Car il eft évident que cet arc coupera la roulette au point cherché *M*.

PROPOSITION III.

Problême.

175. *Soit une demi-roulette* AMD *décrite par la révo-*   Fig. 135. 136.
lution du demi-cercle BGN *autour d'un arc égal* BGN *d'un*
autre cercle, en forte que les parties révoluës BG, BG *foient*
toûjours égales entr'elles ; foit le point décrivant M *pris fur le*
diametre BN *dehors, dedans, ou fur la circonférence mobile*
BGN. *On demande le point* M *de la plus grande largeur de la*
demi-roulette par rapport à fon axe OA.

Suppofant que le point *M* foit celuy qu'on cherche, il

Art. 47. est clair * que la tangente en M doit être parallele à l'axe OA; & qu'ainsi la perpendiculaire MG à la roulette, doit être aussi perpendiculaire sur l'axe qu'elle rencontre au point P. Cela posé, si l'on mene OK par les centres des cercles générateurs, elle passera par le point touchant G; & si l'on tire KL perpendiculaire sur MG, on formera les angles égaux GKL, GOB; & partant l'arc IG qui est le double de la mesure de l'angle GKL, sera à l'arc GB mesure de l'angle GOB, comme le diametre BN est au rayon OB. D'où il suit que pour déterminer sur le demi-cercle BGN le point G, où il touche l'arc qui luy sert de base lorsque le point décrivant M tombe sur celuy de la plus grande largeur; il faut couper le demi-cercle BGN en un point G, en sorte qu'ayant tiré par le point donné M la corde IG, l'arc IG soit à l'arc BG en raison donnée de BN à OB: La question se réduit donc à un problême de la géométrie commune qui se peut toûjours résoudre geométriquement lorsque la raison donnée est de nombre à nombre; mais avec le secours des lignes dont l'équation est plus ou moins élevée, selon que la raison est plus ou moins composée.

Si l'on suppose que le rayon OB devienne infini, comme il arrive lorsque la base BGN devient une ligne droite; il s'ensuit que l'arc IG sera infiniment petit par rapport à l'arc GB. D'où l'on voit que la sécante MIG devient alors la tangente MT, lorsque le point décrivant M tombe au dehors du cercle mobile; & qu'il ne peut y avoir de point de plus grande largeur lorsqu'il tombe au dedans.

Lorsque le point M tombe sur la circonférence en N, il ne faut que diviser la demi-circonférence BGN en raison donnée de BN à OB au point G. Car le point G ainsi trouvé sera celuy où le cercle mobile BGN touche la base, lorsque le point décrivant tombe sur le point cherché.

LEMME

LEMME II.

176. EN *tout triangle* BAC, *dont les angles* ABC, ACB, FIG.137. *& CAD complément à deux droits de l'angle obtus* BAC, *font infiniment petits; je dis que ces angles ont même rapport entr'eux que les côtés* AC, AB, BC, *auſquels ils font oppoſés.*

Car ſi l'on circonſcrit un cercle autour du triangle *BAC*, les arcs *AC, AB, BAC*, qui meſurent les doubles de ces angles, feront infiniment petits; & ne différeront *point par- *Art. 3.* conféquent de leurs cordes ou foutendantes.

Si les côtés *AC, AB, BC* du triangle *BAC*, ne font pas infiniment petits, mais qu'ils ayent une grandeur finie : il s'enſuit que le cercle circonſcrit doit être infiniment grand; puiſque les arcs *AC, AB, BAC*, qui ont une grandeur finie, doivent être infiniment petits par rapport à ce cercle, étant les meſures d'angles infiniment petits.

PROPOSITION IV.

Problême.

177. LES *mêmes choſes étant poſées; il faut déterminer* FIG.135.136. *fur chaque perpendiculaire* MG, *le point* C *où elle touche la dévelopée de la roulette.*

Ayant imaginé une autre perpendiculaire *mg* infiniment proche de *MG*, & qui la coupe par-conféquent au point cherché *C*, on tirera la droite *Gm*; & ayant pris fur la circonférence du cercle mobile le petit arc *Gg* égal à l'arc *Gg* de l'immobile, on menera les droites *Mg, Ig, Kg, Og.* Cela poſé, ſi l'on regarde les petits arcs *Gg, Gg* comme de petites droites perpendiculaires fur les rayons *Kg, Og*; il eſt clair que le petit arc *Gg* du cercle mobile tombant fur l'arc *Gg* de l'immobile, le point décrivant *M* tombera fur *m*, en forte que le triangle *GMg* fe confondra avec le triangle *Gmg.* D'où l'on voit que l'angle *MGm* eſt égal à l'angle *gGg=GKg+ GOg*; puiſqu'ajoûtant de part & d'autre les mêmes angles *KGg, OGg*, l'on en compoſe deux droits.

Or nommant les données *OG, b; KG, a; GM* ou *Gm, m;*

V

GI ou Ig, n; l'on trouve $1°$, $OG. GK :: GKg. GOg$. Et OG (b). $OG + GK$ ou OK $(b+a)$ $:: GKg. GKg + GOg$

* *Art. 176.* ou $MGm = \frac{a+b}{b} GKg$. $2°$.* $Ig. MI :: GMg. MgI$. Et $Ig \pm MI$ ou MG (m). Ig (n) $:: GMg \pm MgI$ ou GIg ou $\frac{1}{2} GKg. GMg$

* *Ibid.* ou $Gmg = \frac{n}{2m} GKg$. $3°$.* L'angle MCm ou $MGm - Gmg$ $\left(\frac{a+b}{b} - \frac{n}{2m} GKg \right)$. $Gmg \left(\frac{n}{2m} GKg \right)$ $:: Gm$ (m). $GC = \frac{bmn}{2am + 2bm - bn}$. Et par-conséquent le rayon cherché MC de la dévelopée sera $= \frac{2amm + 2bmm}{2am + 2bm - bn}$.

Si l'on suppose que le rayon OG (b) du cercle immobile devienne infini, sa circonférence deviendra une ligne droite ; & en effaçant les termes $2amm, 2am$, parce qu'ils sont nuls par rapport aux autres $2bmm, 2bm - bn$, l'on aura $MC = \frac{2mmn}{2m - n}$.

COROLLAIRE I.

178. De ce que l'angle $MGm = \frac{a+b}{b} GKg$, & de ce que les arcs de différens cercles sont entr'eux en raison composée des rayons & des angles qu'ils mesurent ; il suit que $Gg. Mm :: KG \times GKg. MG \times \frac{a+b}{b} GKg$. Et par-conséquent aussi que $KG \times Mm = \frac{a+b}{b} MG \times Gg$; ou (ce qui est la même chose) que $KG \times Mm. MG \times Gg :: OK$ $(a+b)$. OG (b). qui est une raison constante. D'où l'on voit que la dimension de la portion AM de la demi-roulette AMD, dépend de la somme des $MG \times Gg$ dans l'arc GB ; & c'est ce que M. *Paschal* a démontré à l'égard des roulettes qui ont pour bases des lignes droites.

M. *Varignon* est tombé dans cette même propriété par une voye tres différente de celle-ci.

COROLLAIRE II.

FIG. 135.　179. Lorsque le point décrivant M tombe hors de

la circonférence du cercle mobile, il arrive néceſſairement l'un des trois cas ſuivans. Car menant la tangente MT, le point touchant G tombera 1°. Sur l'arc TB, comme l'on a ſuppoſé dans la figure en faiſant le calcul ; & alors MC $\left(\frac{2amm + 2bmm}{2am + 2bm - bn}\right)$ ſurpaſſera toûjours MG (m). 2°. Sur le point touchant T ; & l'on aura pour lors $MC\left(\frac{2amm + 2bmm}{2am + 2bm - bn}\right)$ $= m$, puiſque IG (n) s'évanoüit. 3°. Sur l'arc TN ; & alors la valeur de GI (n) devenant négative de poſitive qu'elle é-toit, l'on aura $MC = \frac{2amm + 2bmm}{2am + 2bm + bn}$: de ſorte que MC ſera moindre que MG (m), & toûjours poſitif. D'où il eſt évident que dans tous ces cas, la valeur du rayon MC de la dévelopée eſt toûjours poſitive.

COROLLAIRE III.

180. Lorsque le point décrivant M tombe au de- Fig. 136. dans de la circonférence du cercle mobile, on a toûjours $MC = \frac{2amm + 2bmm}{2am + 2bm - bn}$; & il peut arriver que bn ſurpaſſe $2am + 2bm$, & qu'ainſi la valeur du rayon MC de la dé-velopée ſoit négative : d'où l'on voit que lorſqu'elle ceſſe d'être poſitive pour devenir négative, comme il arrive * lorſque le point M devient un point d'infléxion, il faut * *Art. 81.* néceſſairement alors que $bn = 2am + 2bm$; & partant que $MI \times MG$ $(mn - mm) = \frac{2amm + bmm}{b}$. Or ſi l'on nomme la donnée KM, c ; l'on aura par la propriété du cercle $MI \times MG$ $\left(\frac{2amm + bmm}{b}\right) = BM \times MN$ $(aa - cc)$, ce qui donne l'in-connuë MG $(m) = \sqrt{\frac{aab - bcc}{2a + b}}$. Donc ſi l'on décrit du point donné M comme centre, & de l'intervalle MG $= \sqrt{\frac{aab - bcc}{2a + b}}$ un cercle ; il coupera le cercle mobile en un point G, où il touchera le cercle immobile qui luy ſert de baſe, lorſque le point décrivant M tombera ſur le point d'infléxion F.

V ij

Si l'on mene MR perpendiculaire ſur BN; il clair que cette MG $\left(\sqrt{\frac{aab - bcc}{2a + b}}\right)$ ſera moindre que MR $(\sqrt{aa - cc})$, & qu'elle luy doit être égale lorſque b devient infinie, c'eſt-à-dire lorſque la baſe de la roulette devient une ligne droite.

Il eſt à remarquer, qu'afin que le cercle décrit du rayon MG coupe le cercle mobile, il faut que MG ſurpaſſe MN, c'eſt-à-dire que $\sqrt{\frac{aab - bcc}{2a + b}}$ ſurpaſſe $a - c$; & qu'ainſi KM (c) ſurpaſſe $\frac{aa}{a + b}$. D'où il eſt manifeſte qu'afin qu'il y ait un point d'infléxion dans la roulette AMD, il faut que KM ſoit moindre que KN, & plus grande que $\frac{aa}{a + b}$.

LEMME III.

FIG. 138.

181. SOIENT *deux triangles* ABb, CDd *qui ayent chacun un de leurs côtés* Bb, Dd *infiniment petit par rapport aux autres : je dis que le triangle* ABb *eſt au triangle* CDd *en raiſon compoſée de l'angle* BAb *à l'angle* DCd, *& du quarré du côté* AB *ou* Ab *au quarré du côté* CD *ou* Cd.

*Art. 2.

Car ſi l'on décrit des centres A, C, & des intervalles AB, CD, les arcs de cercles BE, DF; il eſt clair * que les triangles ABb, CDd ne différeront point des ſécteurs de cercles ABE, CDF. Donc &c.

Si les côtés AB, CD ſont égaux, les triangles ABb, CDd feront entr'eux comme leurs angles BAb, DCd.

PROPOSITION V.

Problême.

FIG. 135.

182. LES *mêmes choſes étant toûjours poſées; on demande la quadrature de l'eſpace* MGBA, *renfermé par les perpendiculaires* MG, BA *à la roulette, par l'arc* GB, *& par la portion* AM *de la demi-roulette* AMD, *en ſuppoſant la quadrature du cercle.*

L'angle GMg $\left(\frac{n}{2m} GKg\right)$ eſt à l'angle MGm $\left(\frac{a + b}{b} GKg\right)$,

comme * le petit triangle MGg qui a pour base l'arc Gg du **Art. 181.*
cercle mobile, au petit triangle ou sécteur GMm ; & par-
tant le sécteur $GMm = \frac{2m}{n} MGg \times \frac{a + b}{b} = \frac{2a + 2b}{b} MGg$

$+ \frac{2ap + 2bp}{bn} MGg$ en nommant MI, p, & mettant pour m
sa valeur $p + n$. Or * le petit triangle ou sécteur KGg **Art. 181.*
est au petit triangle MGg en raison composée du quarré
de KG au quarré de MG, & de l'angle GKg à l'angle
GMg ; c'est-à-dire $:: aa \times GKg . mm \times \frac{n}{2m} GKg$. & partant le petit triangle $MGg = \frac{mn}{2aa} KGg$. Mettant donc cette valeur à la place du triangle MGg dans $\frac{2ap + 2bp}{bn} MGg$,

l'on aura le sécteur $GMm = \frac{2a + 2b}{b} MGg + \frac{\overline{a + b} \times pm}{aab} KGg$.
Mais à cause du cercle , $GM \times MI \ (pm) = BM \times MN$
$(cc - aa)$, qui est une quantité constante, & qui demeure toûjours la même en quelqu'endroit que se trouve le
point décrivant M ; & par-conséquent $GMm + MGg$ ou
mGg , c'est-à-dire le petit espace de la roulette $GMmg$

$= \frac{2a + 3b}{b} MGg + \frac{\overline{a + b} \times cc - aa}{aab} KGg$. Donc puisque $GMmg$
est la différence de l'espace de la roulette $MGBA$, & MGg
celle de l'espace circulaire MGB, renfermé par les droites
MG, MB, & par l'arc GB, & que de plus le petit sécteur KGg
est la différence du sécteur KGB ; il s'enfuit*que l'espace de **Art. 96.*

la roulette $MGBA = \frac{2a + 3b}{b} MGB + \frac{\overline{a + b} \times cc - aa}{aab} KGB$.
Ce qu'il falloit trouver.

Lorsque le point décrivant M tombe hors la circonfé- Fig. 139.
rence BGN du cercle mobile, & que le point touchant G
tombe sur l'arc NT ; il est visible*que les perpendiculaires **Art. 180.*
MG, mg s'entrecoupent en un point C, & qu'on a pour
lors $m = p - n$. D'où il suit que le petit sécteur GMm

$= - \frac{2a - 2b}{b} MGg + \frac{2ap + 2bp}{bn} MGg = - \frac{2a - 2b}{b} MGg$

$+ \frac{amp + bmp}{aab} KGg$, en mettant comme auparavant pour le

petit triangle MGg fa valeur $\frac{mn}{2aa} KGg$; & partant que GMm
— MGg ou mGg, c'eft-à-dire $MCm — GCg = — \frac{2a-3b}{b} MGg$
$+ \frac{\overline{a+b} \times \overline{cc-aa}}{aab} KGg$, en mettant pour pm fa valeur $cc—aa$.
Or fuppofant que TH foit la pofition de la tangente TM
du cercle mobile, lorfque fon point T touche la bafe au
point T; il eft clair que $MCm — GCg = MGTH — mgTH$,
c'eft-à-dire la différence de l'efpace $MGTH$, & que MGg eft

*Art. 96.

celle de MGT, de même que KGg celle de KGT. Donc*l'ef-
pace $MGTH = — \frac{2a-3b}{b} MGT + \frac{\overline{a+b} \times \overline{cc-aa}}{aab} KGT$.
Mais, comme l'on vient de prouver, lefpace $HTBA$
$= \frac{2a+3b}{b} MTB + \frac{\overline{a+b} \times \overline{cc-aa}}{aab} KTB$. Et partant on aura toûjours & dans tous les cas l'efpace $MGBA$ ($MGTH + HTBA$)
$= \frac{2a+3b}{b} \overline{MTB — MGT}$ ou $MGB + \frac{\overline{a+b} \times \overline{cc-aa}}{aab} \overline{KGT + KTB}$
ou KGB.

Fig. 135.

Donc l'efpace entier $DNBA$ renfermé par les
deux perpendiculaires à la roulette DN, BA, par
l'arc de cercle BGN, & par la demi-roulette AMD, eft
$= \frac{2a+3b}{b} + \frac{\overline{a+b} \times \overline{cc-aa}}{aab} \times KNGB$; puifque le fécteur KGB
& l'efpace circulaire MGB deviennent chacun le demi-
cercle $KNGB$, lorfque le point touchant G tombe au N.

Fig. 136.

Lorfque le point décrivant M tombe au dedans du cercle
mobile, il faut mettre $aa—cc$ à la place de $cc—aa$ dans les
formules précédentes; parce qu'alors $BM \times MN = aa—cc$.

Si l'on fait $c = a$, l'on aura la quadrature des roulettes
qui ont leur point décrivant fur la circonférence du cercle mobile; & fi l'on fuppofe b infinie, l'on aura la quadrature de celles qui ont pour bafes des lignes droites.

AUTRE SOLUTION.

Fig. 140.

183. ON décrit du rayon OD l'arc DV, & des diametres AV, BN les demi-cercles AEV, BSN; & ayant décrit

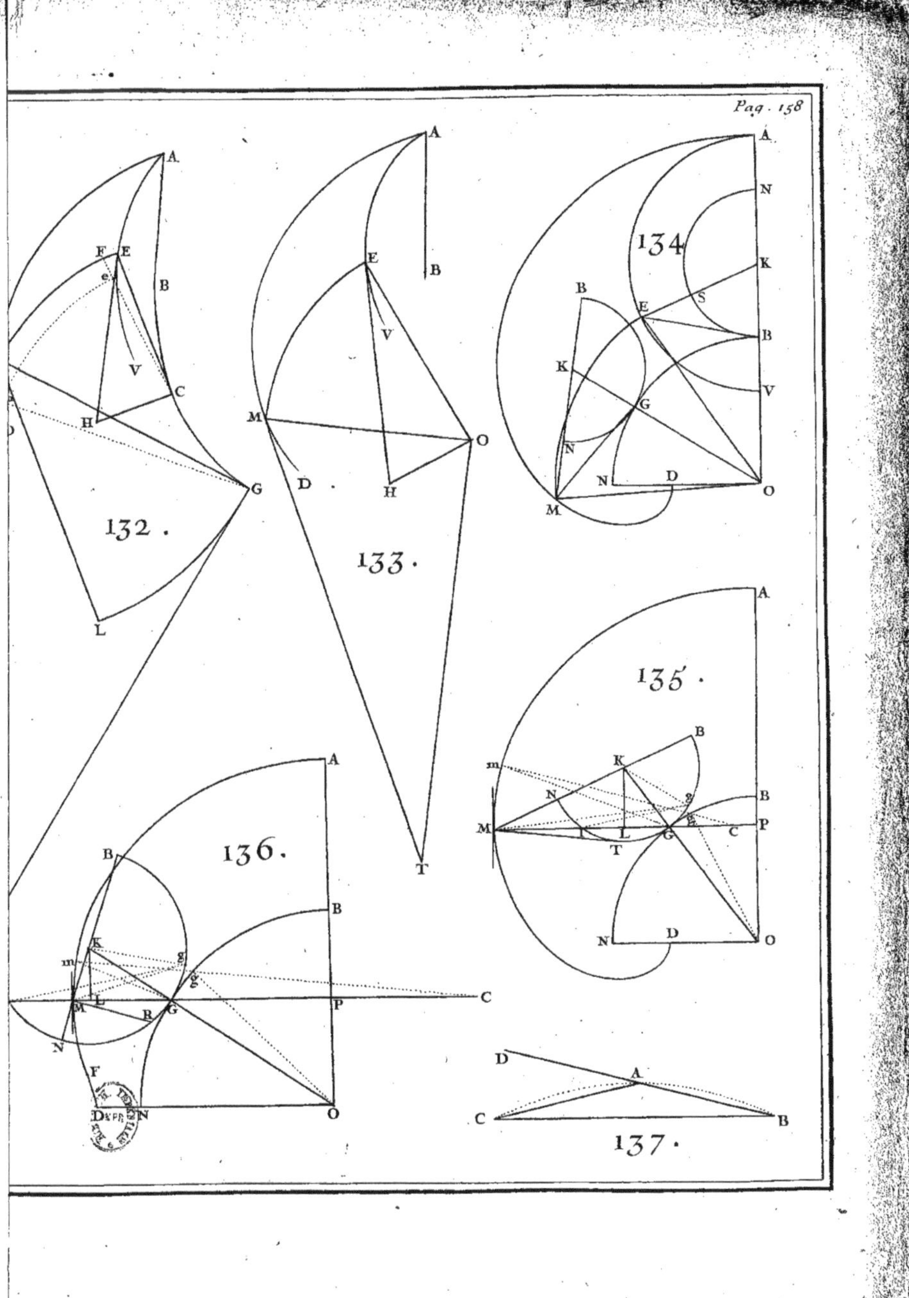
A
132.
133.
134.
135.
136.
137.

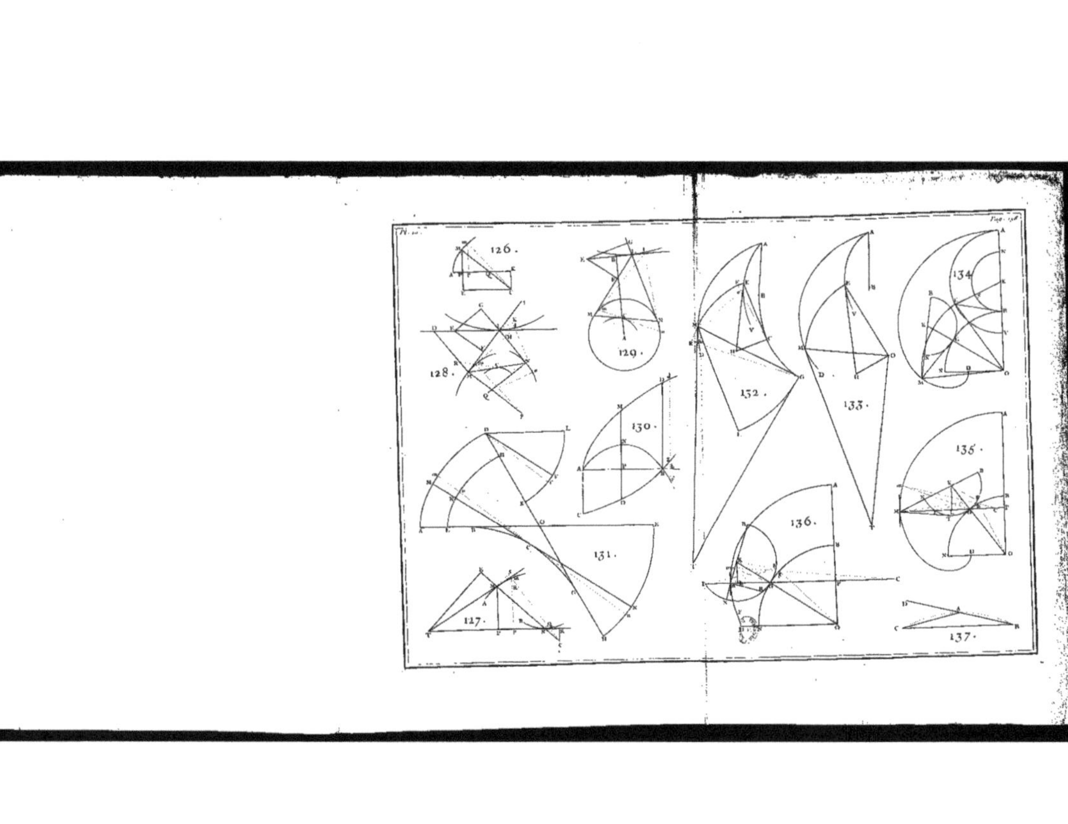

N. 10.
Pag.
126.
129.
128.
130.
131.
132.
133.
134.
135.
136.
137.
127.

à difcrétion du centre O l'arc EM renfermé entre le demi-cercle AEV & la demi-roulette AMD, l'on mene l'appliquée EP. Il s'agit de trouver la quadrature de l'efpace AEM compris entre les arcs AE, EM, & la portion AM de la demi-roulette AMD.

Pour cela, foit un autre arc em concentrique & infiniment proche de EM, une autre appliquée ep, une autre Oe qui rencontre l'arc ME prolongé (s'il eft néceffaire) au point F. Soient nommées les variables OE, z ; VP, u ; l'arc AE, x ; & comme auparavant les conftantes OB, b ; KB ou KN, a ; KV ou KA, c : l'on aura $Fe = dz$, $Pp = du$, $OP = a + b - c + u$, $\overline{PE}^2 = 2cu - uu$, l'arc $EM* = \frac{axz}{bc}$; & par- $\quad$ *Art. 172.* tant le réctangle fait de l'arc EM par la petite droite Fe, c'eft-à-dire* le petit efpace $EMme = \frac{axzdz}{bc}$. Or à caufe $\quad$ *Art. 2.* du triangle réctangle OPE ; $zz = aa + 2ab + bb - 2ac - 2bc + cc + 2au + 2bu$, dont la différence donne $zdz = adu + bdu$. Mettant donc cette valeur à la place de zdz dans $\frac{axzdz}{bc}$, l'on aura le petit efpace $EMme = \frac{aaxdu + abxdu}{bc}$.

Maintenant fi l'on décrit la demi-roulette AHT par la révolution du demi-cercle AEV fur la droite VT perpendiculaire à VA, & qu'on prolonge les appliquées PE, pe jufqu'à ce qu'elles la rencontrent aux points H, h : il eft clair * que $EH \times Pp$, c'eft-à-dire le petit efpace $EHhe$ $\quad$ *Art. 172.* $= xdu$; & qu'ainfi $EMme \left(\frac{aaxdu + abxdu}{bc} \right)$. $EHhe$ $(xdu) :: aa + ab . bc$. qui eft une raifon conftante. Or puifque cela arrive toûjours en quelqu'endroit que fe trouve l'arc EM, il s'enfuit que la fomme de tous les petits efpaces $EMme$, c'eft-à-dire l'efpace AEM, eft à la fomme de tout les petits efpaces $EHhe$, c'eft-à-dire à l'efpace $AEH :: aa + ab . bc$. Mais l'on a * la quadrature de l'efpace AEH dépen- $\quad$ *Art. 99.* demment de celle du cercle ; & partant auffi celle de l'efpace cherché AEM.

Ceci fe peut auffi démontrer fans aucun calcul, comme j'ay fait voir dans les Actes de Leypfic au mois d'Aouft de l'année 1695.

On peut encore trouver la quadrature de l'efpace *AEH*
fans avoir recours à l'article 99. Car fi l'on acheve les réctan-
gles *P$\mathcal{Q}$, pq*, l'on aura *$\mathcal{Q}$q* ou *HR. Pp* ou *Rh :: EP. PA* ou
H$\mathcal{Q}$. puifque *la tangente en *H* eft parallele à la corde
AE ; & partant *H$\mathcal{Q}$*×*$\mathcal{Q}$q* = *EP*×*Pp*, c'eft-à-dire que les petits efpaces *H$\mathcal{Q}$qh*, *EPpe* font toûjours égaux entr'eux.
D'où il fuit que l'efpace *AH$\mathcal{Q}$* renfermé par les perpendiculaires *A$\mathcal{Q}$, $\mathcal{Q}$H*, & par la portion *AH* de la demi-
roulette *AHT*, eft égal à l'efpace *APE* renfermé par les
perpendiculaires *AP, PE*, & par l'arc *AE*. L'efpace *AEH*
fera donc égal au réctangle *P$\mathcal{Q}$* moins le double de l'efpace circulaire *APE* ; c'eft-à-dire au réctangle fait de *PE*
par *KA* plus ou moins le réctangle fait de *KP* par l'arc
AE, felon que le point *P* tombe au deffous ou au deffus
du centre. Et par-conféquent l'efpace cherché *AEM*

$$= \frac{aa + ab}{bc} \overline{PE \times KA \pm KP \times AE}.$$

C O R O L L A I R E I.

184. LORSQUE le point *P* tombe en *K*, le réctangle *KP*×*AE* s'évanoüit, & le réctangle *PE*×*KA* devient é-
gal au quarré de *KA :* d'où l'on voit que l'efpace *AEM*
eft alors $= \frac{aac + abc}{b}$; & par-conféquent il eft quarrable ab-
folument & indépendemment de la quadrature du cercle.

C O R O L L A I R E II.

185. SI l'on ajoûte à l'efpace *AEM* le féceur *AKE*,
l'efpace *AKEM* renfermé par les rayons *AK, KE*, par l'arc
EM, & par la portion *AM* de la demi-roulette *AMD*,
fe trouve (lorfque le point *P* tombe au deffus du centre *K*)

$$= \frac{bcc + 2aac + 2abc - 2aau - 2abu}{2bc} AE + \frac{aa + ab}{bc} PE \times KA \; ; \; \&$$

partant fi l'on prend *VP (u)* $\frac{2aac + 2abc + bcc}{2aa + 2ab}$ (ce qui rend nul-

le la valeur de $\frac{bcc + 2aac + 2abc - 2aau - 2abu}{2bc} AE$), l'on aura

l'efpace

l'efpace $AKEM = \frac{aa+ab}{bc} PE \times KA$. D'où l'on voit que fa quadrature eft encore indépendante de celle du cercle.

Il eft vifible qu'entre tous les efpaces *AEM* & *AKEM*, il ne peut y avoir que les deux que l'on vient de mar-quer, dont la quadrature foit abfoluë.

AVERTISSEMENT.

Tout ce que l'on vient de démontrer à l'égard des roulettes extérieures fe doit auffi entendre des intérieures, c'eft-à-dire de celles dont le cercle mobile roule au dedans de l'immobile; en obfervant que les rayons KB *(*a*),* KV *(*c*) deviennent néga-tifs de pofitifs qu'ils étoient. C'eft-pourquoy il faudra changer dans les formules précédentes, les fignes des termes où* a *&* c *fe rencontrent avec une dimenfion impaire.*

REMARQUE.

186. Il y a certaines courbes qui paroiffent avoir un point d'infléxion, & qui cependant n'en ont point; ce que je crois à propos d'expliquer par un éxemple, car cela pourroit faire quelque difficulté.

Soit la courbe geométrique *NDN*, dont la nature eft Fig. 141. exprimée par l'équation $z = \frac{xx-aa}{\sqrt{2xx-aa}}$ $(AP=x, PN=z)$, dans laquelle il eft clair 1°. Que x étant égale à a; *PN* (z) s'évanoüit. 2°. Que x furpaffant a, la valeur de z eft pofitive; & qu'aucontraire lorfqu'il eft moindre, elle eft négative. 3°. Que lorfque $x = \sqrt{\frac{1}{2}aa}$, la valeur de *PN* eft infinie. D'où l'on voit que la courbe *NDN* paffe de part & d'autre de fon axe en le coupant en un point *D* tel que $AD = a$; & qu'elle a pour afymptote la perpen-diculaire *BG* menée par le point *B* tel que $AB = \sqrt{\frac{1}{2}aa}$.

Si l'on décrit à préfent une autre courbe *EDF*, en for-te qu'ayant mené à difcrétion la perpendiculaire *MPN*, le réctangle fait de l'appliquée *PM* par la conftante *AD*,

X

foit toûjours égal à l'efpace correfpondant DPN ; il eft vifible qu'en nommant PM, y ; & prenant les diffé-rences, l'on aura $AD \times Rm$ (ady) $= NPpn$ ou $NP \times Pp$ $\left(\frac{xx\,dx - aa\,dx}{\sqrt{2xx - aa}} \right)$; & partant Rm (dy). Pp ou RM (dx) :: $PN . AD$. D'où il fuit que la courbe EDF touche l'afym-ptote BG prolongée de l'autre côté de B en un point E, & l'axe AP au point D ; & qu'ainfi elle doit avoir un point

*Art. 78.

d'infléxion en D. Cependant on trouve $* \, - \frac{x^3}{2aa}$ pour la valeur du rayon de fa dévelopée, laquelle eft toûjours négative, & devient égale à $- \frac{1}{2}a$ lorfque le point M

*Art. 81.

tombe en D : d'où l'on doit conclure * que la courbe qui paffe par tout les points M eft toûjours convexe vers l'axe AP, & qu'elle n'a point de point d'infléxion en D. Comment donc accorder tout cela ? En voicy le dénouë-ment.

Si l'on prend PM du même côté que PN, on formera une autre courbe GDH qui fera toute pareille à EDF, & qui en doit faire partie ; puifque fa génération eft la mê-me. Cela étant ainfi, l'on doit penfer que les parties qui compofent la courbe entiére ne font pas EDF, GDH com-me l'on s'étoit imaginé, mais bien EDH, GDF qui fe tou-chent au point D ; car tout s'accorde parfaitement dans cette derniere fuppofition. Ceci fe confirme encore par cet éxemple,

Fig. 142.

Soit la courbe DMG, qui ait pour équation $y^4 = x^4 + aaxx - b^4$ ($AP = x, PM = y$). Il fuit de cette équa-tion que la courbe entiére a deux parties EDH, GDF op-pofées l'une à l'autre comme l'hyperbole ordinaire, en for-te que leur diftance DD ou $2AD = \sqrt{-2aa + 2\sqrt{a^4 + 4b^4}}$.

Fig. 143.

Si l'on fuppofe que b s'évanoüiffe, la diftance DD s'é-vanoüira aufli ; & partant les deux parties EDH, GDF fe toucheront au point D : de forte qu'on pourroit penfer à préfent que cette courbe a un point d'infléxion ou de re-brouffement en D, felon qu'on imagineroit que fes par-

ties feroient *EDF*, *GDH* ou *EDG*, *HDF*. Mais l'on fe dé-
tromperoit aifément, en cherchant le rayon de la dévelopée; car l'on trouveroit qu'il feroit toûjours pofitif, &
qu'il deviendroit égal à $\frac{1}{2}a$ dans le point *D*.

On peut remarquer en paffant, que la quadrature de Fig. 141.
l'efpace *DPN* dépend de celle de l'hyperbole : ou (ce
qui revient au même) de la réctification de la parabole.

SECTION X.

*Nouvelle maniére de se servir du calcul des différen-
ces dans les courbes geométriques, d'où l'on déduit
la Méthode de Mrs Descartes & Hudde.*

DÉFINITION I.

Fig.144.145.
146.

SOIT une ligne courbe *ADB* telle que les paralleles *KMN* à son diametre *AB*, la rencontrent en deux points *M, N* ; & soit entenduë la partie interceptée *MN* ou *PQ* devenir infiniment petite. Elle sera nommée alors la *Dif-férence* de la coupée *AP*, ou *KM*.

COROLLAIRE I.

187. LORSQUE la partie *MN* ou *PQ* devient infiniment petite ; il est clair que les coupées *AP, AQ* deviennent égales chacune à *AE*, & que les points *M, N* se réünissent en un point *D* : en sorte que l'appliquée *ED* est la plus grande ou la moindre de toutes ses semblables *PM, NQ*.

COROLLAIRE II.

188. IL est clair qu'entre toutes les coupées *AP*, il n'y a que *AE* qui ait une différence ; parce qu'il n'y a qu'en ce cas où *PQ* devienne infiniment petite.

COROLLAIRE III.

189. SI l'on nomme les indéterminées *AP* ou *KM*, *x* ; *PM* ou *AK*, *y* ; il est évident que *AK* (*y*) demeurant la même, il doit y avoir deux valeurs différentes de *x*, sçavoir *KM, KN* ou *AP, AQ*. C'est-pourquoy il faut que l'équation qui exprime la nature de la courbe *ADB* soit délivrée d'incommensurables, afin que la même inconnuë *x* qui en marque les racines (car on regarde *y* comme connuë) puisse avoir différentes valeurs. Ce qu'il faut observer dans la suite.

PROPOSITION I.

Problême.

190. La *nature de la courbe geométrique* ADB *étant donnée; déterminer la plus grande ou la moindre de fes appliquées* ED.

Si l'on prend la différence de l'équation qui exprime la nature de la courbe, en traittant y comme conftante, & x comme variable; il eft clair* qu'on formera une nou-   *Art. 188.* velle équation qui aura pour une de fes racines x, une valeur AE, telle que l'appliquée ED fera la plus grande ou la moindre de toutes fes femblables.

Soit par éxemple $x^3 + y^3 = axy$, dont la différence, en traittant x comme variable, & y comme conftante, donne $3xxdx = aydx$; & partant $y = \frac{3xx}{a}$. Si l'on fubftituë cette valeur à la place de y dans l'équation à la courbe $x^3 + y^3 = axy$; l'on aura pour x une valeur $AE = \frac{1}{3}a\sqrt[3]{2}$, telle que l'appliquée ED fera la plus grande de toutes fes femblables, de même qu'on l'a déja trouvé art. 48.

Il eft évident que l'on détermine de même non feulement les points D, lorfque les appliquées ED font perpendiculaires ou tangentes de la courbe ADB; mais aufli lorfqu'elles font obliques fur la courbe, c'eft-à-dire lorfque les points D font des points de rebrouflement de la premiere ou feconde forte. D'où l'on voit que cette nouvelle maniére de confidérer les différences dans les courbes geométriques eft plus fimple & moins embarraffante en quelques rencontres, que la * premiere.   *Sect. 3.*

REMARQUE.

191. ON peut remarquer dans les courbes rebrouffan-   FIG. 146. tes, que les PM paralleles à AK, les rencontrent en deux points M, O, de même que les KM paralleles à AP, font en M, N: de forte que AP (x) demeurant la même, y a deux

différentes valeurs *PM,PO*. C'eſt-pourquoy l'on peut trait-
ter *x* comme conſtante, & *y* comme variable, en prenant la différence de l'équation qui exprime la nature de
nature de cette courbe. D'où l'on voit que ſi l'on traitte
x & *y* comme variables, en prenant cette différence, il
faudra que tous les termes qui multiplient *dx* d'une part,
& tous ceux qui multiplient *dy* d'une autre part, ſoient
égaux à zero. Mais il faut bien prendre garde que *dx*
& *dy* marquent ici les différences de deux appliquées qui
-partent d'un même point, & non pas (comme ci-devant
Sect.3.)la différence de deux appliquées infiniment proches.

COROLLAIRE.

192. Sɪ aprés avoir ordonné l'équation qui exprime
la nature de la courbe dans laquelle il n'y a que l'inconnuë *x* de variable, l'on en prend la différence ; il eſt clair
1°. Qu'on ne fait autre choſe que de multiplier chaque
terme par l'expoſant de la puiſſance de *x* & par la différence *dx*, & le diviſer enſuite par *x*. 2°. Que cette di-
viſion par *x*, auſſi-bien que la multiplication par *dx*, peut
être négligée, parce qu'elle eſt la même dans tous les
termes. 3°. Que les expoſans des puiſſances de *x* font
une progreſſion arithmétique, dont le premier terme eſt
l'expoſant de ſa plus grande puiſſance, & le dernier eſt
zero ; car on ſuppoſe qu'on ait marqué par une étoile les
termes qui peuvent manquer dans l'équation.

Soit par éxemple $x^3 * {-} ayx + y^3 = o$. Si l'on multiplie chaque terme par ceux de la progreſſion arithmétique
$3, 2, 1, o$; l'on formera l'équation nouvelle $3x^3 - ayx = o$.

$$x^3 \quad * \quad {-}\,ayx \quad +\,y^3 \;=o.$$
$$3, \quad 2, \quad \quad 1, \quad \quad o.$$
$$\overline{3x^3 \quad * \quad {-}\,ayx \quad \quad * \;=o.}$$

D'où l'on tire $y = \frac{3xx}{a}$, de même que l'on auroit trouvé
en prenant la différence à la maniére accoûtumée.

Cela ſuppoſé, je dis qu'au lieu de la progreſſion arithmétique $3,2,1,0$, l'on peut se servir de telle autre progression arithmétique qu'on voudra : $m+3, m+2, m+1, m+0$, ou m (l'on désigne par m un nombre quelconque entier, ou rompu, positif, ou négatif). Car multipliant $x^3 * -ayx + y^3 = 0$ par x^m, l'on aura $x^{m+3} *, \&c. = 0$, dont les termes doivent être multipliés par ceux de la progression $m+3, m+2, m+1, m$. chacun par son correspondant pour en avoir la différence.

$$x^{m+3} \qquad * \qquad -ayx^{m+1} \qquad + y^3 x^m = 0.$$
$$m+3, \quad m+2, \quad m+1, \qquad m.$$
$$\overline{m+3}\,x^{m+3} \quad * \quad -\overline{m+1}\,ayx^{m+1} \quad +my^3 x^m = 0.$$

Ce qui donnera $\overline{m+3}\,x^{m+3} - \overline{m+1}\,ayx^{m+1} + my^3 x^m = 0$; & en divisant par x^m, il viendra $\overline{m+3}\,x^3 - \overline{m+1}\,ayx + my^3 = 0$, comme l'on auroit trouvé d'abord en multipliant simplement l'égalité proposée par la progression $m+3, m+2, m+1, m$.

Si $m = -3$, la progression sera $0, -1, -2, -3$; & l'équation sera $2ayx - 3y^3 = 0$. Si $m = -1$, la progression sera $2,1,0, -1$; & l'équation $2x^3 - y^3 = 0$.

On peut changer de signes tous les termes de la progression , c'est-à-dire qu'au lieu de $0, -1, -2, -3$, & $2, 1, 0, -1$, l'on peut prendre $0, 1, 2, 3$, & $-2, -1, 0, 1$; parce qu'on ne fait par-là que changer de signes tous les termes de la nouvelle équation qui doit être égalée à zero. Et en effet, au lieu de $2ayx - 3y^3 = 0$, $2x^3 - y^3 = 0$, l'on auroit $-2ayx + 3y^3 = 0$, $-2x^3 + y^3 = 0$; ce qui est la même chose.

Or il est visible que ce que l'on vient de démontrer à l'égard de cet exemple, s'appliquera de même maniére à tous les autres. D'où il suit que si après avoir ordonné une équation qui doit avoir deux racines égales entr'elles, l'on en multiplie les termes par ceux d'une progression arithmétique arbitraire, l'on formera une nouvelle équation qui renfermera entre ses racines une des deux égales de la premiére. Par la même raison, si cette nouvelle équation doit avoir encore deux racines égales, & qu'on la multiplie par une progression arithmétique, l'on en formera une troifiéme qui aura entre fes racines une des deux égales de la feconde ; & ainfi de fuite. De forte que fi l'on multiplie une équation qui doit avoir trois racines égales, par le produit de deux progref-fions arithmétiques, l'on en formera une nouvelle qui au-ra entre fes racines une des trois égales de la premiére ; & de même fi l'équation doit avoir quatre racines égales, il la faudra multiplier par le produit de trois progreffions arithmétiques ; fi cinq , par le produit de quatre, &c.

C'eft-là précifément en quoy confifte la Méthode de M. *Hudde*.

PROPOSITION II.

Problême.

FIG. 147. 193. D'UN *point donné* T *fur le diametre* AB, *ou du point donné* H *fur* AH *parallele aux appliquées ; mener la tangente* THM.

Ayant mené par le point touchant *M* l'appliquée *MP,* & nommé *AT, s*; *AH, t*; dont l'une ou l'autre eft don-née ; & les inconnuës *AP, x*; *PM, y* : les triangles fem-blables *TAH, TPM* donneront $y = \frac{st + tx}{s}$, $x = \frac{sy - st}{t}$; & mettant ces valeurs à la place de *y* ou de *x* dans l'é-quation donnée, qui exprime la nature de la courbe *AMD,* l'on en formera une nouvelle dans laquelle *y* ou *x* ne fe rencontrera plus.

Si l'on mene à préfent une ligne droite *TD* qui coupe la droite *AH* en *G*, & la courbe *AMD* en deux points *N, D,* def-quels l'on abbaiffe les appliquées *NQ, DB*; il eft évident que *t* exprimant *AG* dans l'équation précédente, *x* ou *y* aura deux valeurs *AQ, AB,* ou *NQ, DB,* lefquelles deviennent égales entr'elles, fçavoir à la cherchée *AP* ou *PM* lorfque *t* exprime *AH,* c'eft-à-dire lorfque la fécante *TDN* devient la tangente *TM.* D'où il fuit que cette équation doit avoir deux racines égales. C'eft-pourquoy on la multipliera par une pro-greffion arithmétique arbitraire ; ce que l'on réïterera, s'il eft

nécefnéceſſaire, en multipliant de nouveau cette même équation par une autre progreſſion arithmétique quelconque, afin que par la comparaiſon des équations qui en réſultent, l'on en puiſſe trouver une qui ne renferme que l'inconnuë x ou y, avec la donnée s ou t. L'éxemple qui ſuit, éclaircira ſuffiſamment cette Méthode.

Exemple.

194. Soit $ax = yy$ l'équation qui exprime la nature de la courbe AMD. Si l'on met à la place de x ſa valeur $\frac{sy - st}{t}$, l'on aura tyy, &c. qui doit avoir deux racines égales.

$$tyy \quad - \quad asy \quad + \quad ast = 0.$$
$$1, \qquad 0, \quad - \quad 1.$$
$$tyy \qquad * \quad - \quad ast = 0.$$

C'eſt-pourquoy multipliant par ordre ces termes par ceux de la progreſſion arithmétique $1, 0, - 1$, l'on trouvera $as = yy = ax$; & partant $AP (x) = s$. D'où l'on voit qu'en prenant $AP = AT$; & menant l'appliquée PM, la ligne TM ſera tangente en M. Mais ſi au lieu de $AT (s)$, c'eſt $AH (t)$ qui eſt donnée ; l'on multipliera la même équation tyy, &c. par cette autre progreſſion $0, 1, 2$, & l'on aura la cherchée $PM (y) = 2t$.

On auroit trouvé la même conſtruction en mettant pour y ſa valeur $\frac{st + tx}{s}$ dans $ax = yy$. Car il vient $ttxx$, &c. dont les termes multipliés par $1, 0, - 1$, donnent $xx = ss$; & par-conſéquent $AP (x) = s$.

Corollaire.

195. Si l'on veut à preſent que le point touchant M ſoit donné, & qu'il faille trouver le point T ou H, dans lequel la tangente MT rencontre le diametre AB ou la parallele AH aux appliquées ; il n'y a qu'à regarder dans la derniére équation, qui exprime la valeur de l'inconnuë x ou y par rapport à la donnée s ou t ; cette derniére comme l'inconnuë, & x ou y comme connuë.

Y

P R O P O S I T I O N III.

Problême.

Fig. 148.

196. La nature de la courbe geométrique AFD étant donnée ; déterminer son point d'infléxion F.

Ayant mené par le point cherché F l'appliquée FE avec la tangente FL, par le point A (origine des x) la parallele AK aux appliquées, & nommé les inconnuës LA, s ; AK, t ; AE, x ; EF, y : les triangles semblables LAK, LEF donneront encore $y = \frac{st + tx}{s}$, & $x = \frac{sy - st}{t}$; de sorte que mettant ces valeurs à la place de y ou x dans l'équation à la courbe, l'on en formera une nouvelle dans laquelle y ou x ne se rencontrera plus, de même que dans la proposition précédente.

Si l'on mene à présent une ligne droite TD qui coupe la droite AK en H, qui touche la courbe AFD en M, & la coupe en D, d'où l'on abaisse les appliquées MP, DB : il est évident 1°. Que s exprimant AT ; & t, AH ; l'équation que l'on vient de trouver, doit avoir deux racines

* Art. 193.

égales, sçavoir * chacune à AP ou à PM selon qu'on a fait évanoüir y ou x, & une autre AB ou BD. 2°. Que s exprimant AL ; & t, AK ; le point touchant M se réünit avec le point d'interséction D dans le point cherché F :

* Art. 67.

puisque * la tangente LF doit toucher & couper la courbe dans le point d'infléxion F ; & qu'ainsi les valeurs AP, AB de x ou PM, BD de y deviennent égales entr'elles, sçavoir l'une & l'autre à la cherchée AE ou EF. D'où il suit que cette équation doit avoir trois racines égales. C'est-pourquoy on la multipliera par le produit de deux progressions arithmétiques arbitraires ; ce que l'on réïterera, s'il est nécessaire, en la multipliant de même par un autre produit de deux progressions arithmétiques quelconques, afin que par la comparaison des équations qui en résultent, l'on puisse faire évanoüir les inconnuës s & t.

EXEMPLE.

197. SOIT $ayy = xyy + aax$ l'équation qui exprime la nature de la courbe AFD. Si l'on met à la place de x sa valeur $\frac{sy - st}{t}$, on formera l'équation $sy^3 - styy - atyy$, &c.

$$sy^3 \;\;-\;\; styy \;\;+\;\; aasy \;\;-\;\; aast \;=\; 0.$$
$$-\;\; at$$

$$1, \qquad 0, \quad -\;\; 1, \quad -\;\; 2.$$
$$3, \qquad 2, \qquad 1, \qquad 0.$$

$$\overline{\qquad\qquad\qquad\qquad\qquad\qquad\qquad\qquad}$$

$$3sy^3 \qquad * \quad -\;\; aasy \qquad * \;\;=\; 0.$$

qui étant multipliée par $3, 0, -1, 0$, produit des deux progreffions arithmétiques $1, 0, -1, -2$, & $3, 2, 1, 0$, donne $yy = \frac{1}{3}aa$; & mettant cette valeur dans l'équation à la courbe, l'on trouve l'inconnuë $AE\ (x) = \frac{1}{4}a$. Ce qui revient à l'art. 68.

AUTRE SOLUTION.

198. ON peut encore réfoudre ce Problême en re- marquant que du même point L ou K on ne peut mener qu'une feule tangente LF ou KF; parce qu'elle touche en dehors la partie concave AF, & en dedans le convexe FD; au lieu que de tout autre point T ou H, pris fur AL ou AK entre A & L ou A & K, l'on peut mener deux tangentes TM, TD ou HM, HD, l'une de la partie concave, & l'autre de la convexe: de forte qu'on peut confidérer le point d'infléxion F comme la réünion des deux points touchans M & D. Si donc l'on fuppofe que $AT\ (s)$ ou $AH\ (t)$ foit donnée, & qu'on cherche * la valeur de x ou y par rapport à s ou t; l'on aura une équation qui aura deux racines AP, AB ou PM, BD qui deviennent égales chacune à la cherchée AE ou EF, lorfque s exprime AL & t, AK. C'eft-pourquoy l'on multipliera cette équation par une progreffion arithmétique arbitraire, &c.

Fig.149.150.

Art. 194.

EXEMPLE.

199. SOIT comme cy-deſſus, $ayy = xyy + aax$; l'on aura
encore $sy^3 - styy - atyy + aasy - aast = 0$, qui étant multipliée par la progreſſion arithmétique $1, 0, -1, -2$, donne
$y^3 * - aay - 2aat = 0$, dans laquelle s ne ſe rencontre plus,
& qui a deux racines inégales, ſçavoir PM, BD, lorſque
t exprime AH, & deux égales chacune à la cherchée EF
lorſque t exprime AK. C'eſt-pourquoy multipliant de
nouveau cette derniére équation par la progreſſion arithmétique $3, 2, 1, 0$, l'on aura $3yy - aa = 0$; & partant $EF (y)$
$= \sqrt{\frac{1}{3}aa}$. Ce qu'il falloit trouver.

PROPOSITION IV.

Problême.

FIG. 151.

200. MENER *d'un point donné* C *hors une ligne
courbe* AMD *une perpendiculaire* CM *à cette courbe.*

Ayant mené les perpendiculaires MP, CK ſur le diametre AB, & décrit du centre C de l'intervalle CM un cercle; il eſt clair qu'il touchera la courbe AMD au point M.
Nommant enſuite les inconnuës AP, x; PM, y; CM, r; &
les connuës AK, s; KC, t: l'on aura PK ou $CE = s - x$,
$ME = y + t$; & à cauſe du triangle rectangle MEC, $y = - t$
$+ \sqrt{rr - ss + 2sx - xx}$, $x = s - \sqrt{rr - tt - 2ty - yy}$: de
ſorte que mettant ces valeurs à la place de y ou x dans
l'équation à la courbe, l'on en formera une nouvelle dans
laquelle y ou x ne ſe rencontrera plus.

Si l'on décrit à preſent du même centre C un autre cercle
qui coupe la courbe en deux points N, D, d'où l'on abaiſſe les
perpendiculaires NQ, DB; il eſt évident que r exprimant le
rayon CN ou CD dans l'équation précédente, x ou y aura
deux valeurs AQ, AB ou NQ, DB qui deviennent égales
entr'elles, ſçavoir à la cherchée AP ou PM lorſque r exprime le rayon CM. D'où il ſuit que cette équation doit avoir
deux racines égales. C'eſt-pourquoy on la multipliera, &c.

EXEMPLE.

201. SOIT $ax = yy$ l'équation qui exprime la nature de la courbe AMD, dans laquelle mettant pour x sa valeur $s - \sqrt{rr - tt - 2ty - yy}$, l'on aura $as - yy = a\sqrt{rr - tt - 2ty - yy}$: de sorte qu'en quarrant chaque membre, & ordonnant ensuite l'équation, l'on trouvera y^4, &c. qui doit avoir deux racines égales lorsque y exprime la cherchée PM.

$$y^4 \quad * - 2asyy \; -\!\!+ 2aaty \; -\!\!+ aass = 0.$$
$$-\!\!+ aa \qquad\qquad\qquad - aarr$$
$$-\!\!+ aatt$$

$$4, \quad 3, \quad 2, \qquad 1, \qquad 0.$$

$$4y^4 \quad * - 4asyy \; -\!\!+ 2aaty \qquad * \quad = 0.$$
$$-\!\!+ 2aa$$

C'estpourquoy on la multipliera par la progression arithmétique $4, 3, 2, 1, 0,$; ce qui donnera $4y^3 - 4asy + 2aay + 2aat = 0$, dont la résolution fournira pour y la valeur cherchée PM.

Si le point donné C tomboit sur le diametre AB; l'on auroit alors $t = 0$, & il faudroit effacer par-conséquent tous les termes où t se rencontre ; ce qui donneroit $4as - 2aa = 4yy = 4ax$, en mettant pour yy sa valeur ax. D'où l'on tireroit $x = s - \frac{1}{2}a$; c'est-à-dire que si l'on prend CP égale à la moitié du parametre, & qu'ayant tiré l'appliquée PM perpendiculaire sur AB, l'on mene la droite CM, elle sera perpendiculaire sur la courbe AMD.

Fig. 152.

COROLLAIRE.

202. SI l'on veut à présent que le point M soit donné, & que le point C soit celuy qu'on cherche ; il faudra dans la derniére équation qui exprime la valeur de AC (s) par rapport à AP (x) ou PM (y), regarder ces derniéres comme connuës, & l'autre comme l'inconnuë.

Fig. 152.

Y iij

D É F I N I T I O N II.

Si d'un rayon quelconque de la dévelopée l'on décrit un cercle, il fera nommé *cercle baifant*.

Le point où ce cercle touche ou baife la courbe, eft appellé *point baifant*.

P R O P O S I T I O N V.

Problême.

Fig. 153.

203. La *nature de la courbe* AMD *étant donnée avec un de fes points quelconques* M; *trouver le centre* C *du cercle qui la baife en ce point* M.

Ayant mené les perpendiculaires *MP, CK* fur l'axe, & nommé les lignes par les mêmes lettres que dans le Problême précédent; l'on arrivera à la même équation dans laquelle il faut obferver que la lettre *x* ou *y*, que l'on y regarde comme l'inconnuë, marque ici une grandeur donnée; & qu'au contraire *s, t*, que l'on y regarde comme connuës, font en effet ici les inconnuës auffi-bien que *r*.

Cela pofé, il eft clair 1°. Que le point cherché *C* fera fitué fur la perpendiculaire *MG* à la courbe. 2°. Que l'on pourra toûjours décrire un cercle qui touchera la courbe en *M*, & la coupera au moins en deux points (dont je fuppofe que le plus proche eft *D*, d'où l'on abaiffera la perpendiculaire *DB*); puifque l'on peut toûjours trouver un cercle qui coupe une ligne courbe quelconque, autre qu'un cercle, au moins en quatre points, & que le point touchant *M* n'équivaut qu'à deux interféctions. 3°. Que plus fon centre *G* approche du point cherché *C*, plus auffi le point d'interféction *D* approche du point touchant *M* : de forte que le point *G* tombant fur le point

Art. 76.

C, le point *D* fe réünit avec le point *M*; puifque * le cercle décrit du rayon *CM*, doit toucher & couper la courbe au même point *M*. D'où l'on voit que *s* exprimant *AF*, & *t*, *FG*, l'équation doit avoir deux racines

Art. 200.

égales, fçavoir * chacune à *AP* ou *PM* felon qu'on a fait

évanoüir y ou x, & une autre AB ou BD qui devient auſſi égale à AP ou PM lorſque s & t expriment les cherchées AK, KC; & qu'ainſi cette équation doit avoir trois racines égales.

E X E M P L E.

204. Soit $ax = yy$ l'équation qui exprime la natu-re de la courbe AMD, & l'on trouvera* y^4, &c. qui étant multipliée par $8, 3, 0, -1, 0$, produit des deux progreſſions arithmétiques $4, 3, 2, 1, 0$, & $2, 1, 0, -1, -2$ donne $8y^4 = 2aaty$.

* *Art.* 201.

$$
\begin{array}{rcccc}
y^4 & * \; -2asyy & +2aaty & +aass & =0. \\
 & +aa & & -aarr & \\
 & & & +aatt & \\
4, & 3, & 2, & 1, & 0. \\
2, & 1, & 0, & -1, & -2. \\
\hline
8y^4 & * \quad * & -2aaty & * & =0.
\end{array}
$$

D'où l'on tire la cherchée KC ou PE $(t) = \frac{4y^3}{aa}$.

Si l'on veut avoir une équation qui exprime la nature de la courbe qui paſſe par tous les points C, l'on multiplie-ra encore y^4, &c. par $0, 3, 4, 3, 0$, produit des deux progreſ-ſions $4, 3, 2, 1, 0$, & $0, 1, 2, 3, 4$; & l'on trouvera $8asy - 4aay = 6aat$: d'où, en ſuppoſant pour abréger $s - \frac{1}{2}a = u$, l'on tirera $y = \frac{3at}{4u}$, & $4y^3 = \frac{27a^3t^3}{16u^3} = aat$; & partant $16u^3 = 27att$. D'où il ſuit que la courbe qui paſſe par tous les points C, eſt une ſeconde parabole cubique, dont le parametre $= \frac{27a}{16}$, & dont le ſommet eſt éloigné de celuy de la parabole propoſée de $\frac{1}{2}a$; parce que $u = s - \frac{1}{2}a$.

Lorſque la poſition des parties de la courbe, voiſines du point donné M, eſt entièrement ſemblable de part & d'autre de ce point, comme il arrive lorſque la courbûre y eſt la plus grande ou la moindre; il s'enſuit que l'une des interſections du cercle touchant ne peut ſe réünir avec le point touchant, que l'autre ne s'y réüniſſe en en même temps : de forte que l'équation doit avoir alors quatre racines égales. Et en effet fi l'on multiplie y^4, &c. par $24, 6, 0, 0, 0$, produit des trois progreffions arithméti- tiques $4, 3, 2, 1, 0$, & $3, 2, 1, 0, —1$, & $2, 1, 0, —1, —2$; l'on aura $24y^4 = 0$: ce qui fait voir que le point M doit tomber fur le fommet A de la parabole, afin que la pofition des parties voifines de la courbe foit femblable de part & d'autre.

AUTRE SOLUTION.

Fig. 154.

205. ON peut encore réfoudre ce Problême en fe fouvenant que l'on a démontré dans l'article 76. qu'on ne peut mener du point cherché C qu'une feule perpendiculaire CM à la courbe AMD; au lieu qu'il y a une infinité d'autres points G fur cette perpendiculaire MC, d'où l'on peut mener deux perpendiculaires MG, GD à la courbe. Si donc on fuppofe que le point G foit donné, & que l'on cherche * la valeur de x ou y par rapport aux données s & t; il eft vifible que cette équation doit avoir deux racines inégales, fçavoir AP, AB ou PM, BD qui deviennent égales entr'elles lorfque le point G tombe fur le point cherché C. C'eft-pourquoy l'on multipliera cette équation par une progreffion arithmétique quelconque, &c.

*Art. 200.

EXEMPLE.

*Art. 101.

206. SOIT comme ci-deffus $ax = yy$; & l'on aura* $4y^3$, &c.

$$4y^3 \quad * \quad -4asy \quad +2aat = 0.$$
$$+2aa$$
$$2, \quad 1, \quad 0, \quad -1.$$
$$\overline{8y^3 \quad * \quad * \quad -2aat = 0.}$$

qui étant multipliée par la progreffion arithmétique $2, 1, 0, —1$,

*Art. 204.

donne comme * auparavant $t = \dfrac{4y^3}{aa}$.

COROL-

COROLLAIRE.

207. Il eſt évident qu'on peut confidérer le point Fig.153.154.
baifant comme * la réünion d'un point touchant avec un   *Art.203.
point d'interſéction du même cercle; ou bien comme * la   *Art. 215.
réünion de deux points touchans de deux cercles différens & concentriques : de même que le point d'infléxion
peut être regardé * comme la réünion d'un point touchant   *Art. 196.
avec un point d'interſéction de la même droite, ou * com-   *Art. 198.
me la réünion de deux points touchans de deux différentes droites qui partent d'un même point.

PROPOSITION VI.

Problême.

208. Trouver *une équation qui exprime la nature de* Fig.155.
la cauſtique AFGK, *formée dans le quart de cercle* CAMNB,
par les rayons réfléchis MH, NL, *&c. dont les incidens* PM,
QN, *&c. ſont paralleles à* CB.

Je remarque 1°. Que ſi l'on prolonge les rayons réfléchis *MF,NG*, qui touchent la cauſtique en *F, G*, juſqu'à ce
qu'ils rencontrent le rayon *CB* aux points *H, L*; l'on aura
MH égale à *CH*, & *NL* égale à *CL*. Car l'angle *CMH = CMP*
= MCH; & de même l'angle *CNL = CN Q = NCL*.

2°. Que d'un point donné *F* ſur la cauſtique *AFK*, l'on
ne peut mener qu'une ſeule droite *MH* qui ſoit égale à
CH; au lieu que d'un point donné *D* entre le quart de
cercle *AMB* & la cauſtique *AFK*, l'on peut mener deux lignes *MH, NL* telles que *MH = CH* & *NL = CL*. Car on
ne peut mener du point *F* qu'une ſeule tangente *MH*;
au lieu que du point *D*, on en peut mener deux *MH,NL*.
Ceci bien entendu,

Soit propoſé de mener d'un point donné *D* la droite
MH, en ſorte qu'elle ſoit égale à la partie *CH*, qu'elle détermine ſur le rayon *CB*.

Ayant mené *MP, DO* paralleles à *CB*, & *MS* parallele à
CA, ſoient nommées les données *CO* ou *RS, u; OD, z; AC*

ou CB, a; & les inconnuës CP ou MS, x; PM ou CS, y; CH ou MH, r. Le triangle réctangle MSH donnera $rr = rr - 2ry + yy + xx$: d'où l'on tire CH (r) $= \frac{xx + yy}{2y}$. De plus les triangles semblables MRD, MSH donneront MR ($x - u$). MS (x) :: RD ($z - y$). $SH = \frac{zx - xy}{x - u}$. & partant $CS + SH$ ou $CH = \frac{zx - uy}{x - u} = \frac{xx + yy}{2y} = \frac{aa}{2y}$ en mettant pour $xx + yy$ sa valeur aa. D'où l'on forme (en multipliant en croix) l'équation $aax - aau = 2zxy - 2uyy$; & mettant pour yy sa valeur $aa - xx$, il vient $2zxy = aax + aau - 2uxx$: quarrant ensuite chaque membre pour ôter les incommensurables, & mettant encore pour yy sa valeur $aa - xx$, l'on aura enfin

$$4uux^4 - 4aaux^3 - 4aauuxx + 2a^4ux + a^4uu = 0.$$
$$4zz \qquad\qquad -4aazz$$
$$+a^4$$

Or il est clair que u exprimant CO; & z, OD; cette égalité doit avoir deux racines inégales, sçavoir CP, CQ; & qu'au contraire u exprimant CE; & z, EF; CQ devient égale à CP, de sorte qu'elle a pour lors deux racines égales. C'est-pourquoy si l'on multiplie ses termes par ceux des deux progressions arithmétiques $4, 3, 2, 1, 0$, & $0, 1, 2, 3, 4$, l'on formera deux égalités nouvelles par le moyen desquelles on trouvera, aprés avoir fait évanoüir l'inconnuë x, cette équation

$$64z^6 - 48aaz^4 + 12a^4zz - a^6 = 0,$$
$$+192uu \quad - 96aauu \quad - 15a^4uu$$
$$+192u^4 \quad - 48aau^4$$
$$+64u^6$$

qui exprime la relation de la coupée CE (u) à l'appliquée EF (z). Ce qu'il falloit trouver.

On peut déterminer le point touchant F en se servant de la Méthode expliquée dans la huitiéme Séction. Car si l'on imagine un autre rayon incident pm infiniment proche de PM; il est clair que le réfléchi mh coupera MH au point cherché F, par lequel ayant tiré FE parallele à PM, l'on nommera CE, u; EF, z; CP, x; PM, y; CM, a: & l'on trouvera comme ci-deſſus $\frac{aax + aau - zuxx}{xy} = 2z$. Or il eſt viſible que CM, CE, EF demeurent les mêmes pendant que CP & PM varient. C'eſt-pourquoy l'on prendra la différence de cette équation en traittant a, u, z, comme conſtantes, & x, y comme variables; ce qui donnera $2uyxxdx + aauydx - aaxxdy - aauxdy + 2ux^3dy = 0$, dans laquelle mettant pour dx ſa valeur $- \frac{ydy}{x}$ (que l'on trouve en prenant la différence de $yy = aa - xx$), & enſuite pour yy ſa valeur $aa - xx$, il vient enfin CE (u) $= \frac{x^3}{aa}$.

Si l'on ſuppoſe que la courbe AMB ne ſoit plus un quart de cercle, mais une autre courbe quelconque qui ait pour rayon de ſa développée au point M la droite MC; il eſt clair * que ſa petite portion Mm peut être regardée com-   *Art. 76.* me un arc de cercle décrit du centre C. D'où il ſuit que ſi l'on mene par ce centre la perpendiculaire CP ſur le rayon incident PM, & qu'ayant pris $CE = \frac{x^3}{aa}$ ($CP = x$, $CM = a$), l'on tire EF parallele à PM; elle ira couper le rayon réfléchi MH au point F, où il touche la cauſtique AFK.

Si l'on tire par tous les points M, m d'une ligne courbe quelconque AMB, des lignes droites MC, mC à un point fixe C de ſon axe AC, & d'autres droites MH, mh terminées par la perpendiculaire CB à l'axe, en ſorte que l'angle $CMH = MCH$, & $Cmh = mCh$; & qu'il faille trouver ſur chaque MH le point F où elle touche la courbe AFK, formée par les interſéctions continüelles de ces droites MH, mh. On trouvera comme auparavant $CH = \frac{xx + yy}{2y}$ $= \frac{zx - uy}{x - u}$: d'où l'on tire $\frac{x^3 + uyy + xyy - uxx}{xy} = 2z$, dont la différence (en traittant u, z comme conſtantes, & x, y comme variables) donne $2x^3ydx - uxxydx - x^4dy + ux^3dy + xxyydy + uxyydy - uy^3dx = 0$; & partant la cherchée

$$CE\ (u) = \frac{2x^3ydx - x^4dy + xxyydy}{xxydx - x^3dy + y^3dx - xyydy}.$$ Or la nature de la ligne AMB étant donnée, l'on aura une valeur de dy en dx, laquelle étant fubftituée dans l'expreffion de CE, cette expreffion fera délivrée des différences & entiérement connuë.

PROPOSITION VII.

Problême.

209. **S**OIT *une ligne droite indéfinie* AO *qui ait un commencement fixe au point* A ; *foit entenduë une infinité de paraboles* BFD, CDG *qui ayent pour axe commun la droite* AO, *& pour parametres les droites* AB, AC *interceptées entre le point fixe* A, *& leurs fommets* B, C. *On demande la nature de la ligne* AFG *qui touche toutes ces paraboles.*

Je remarque d'abord que deux quelconques de ces paraboles *BFD, CDG* fe couperont en un point *D* fitué entre la ligne *AFG* & l'axe *AO* ; que *AC* devenant égal à *AB*, le point d'interféction *D* tombe fur le point touchant *F*. Ceci bien entendu,

Soit propofé de mener par le point donné *D* une parabole qui ait la propriété marquée. Si l'on mene l'appliquée *DO*, & qu'on nomme les données AO, u ; OD, z ; & l'inconnuë AB, x ; la propriété de la parabole donnera $AB \times BO\ (ux - xx) = \overline{DO}^2\ (zz)$; & ordonnant l'égalité, l'on aura $xx - ux + zz = 0$. Or il eft évident que u exprimant AO ; & z, OD ; cette égalité a deux racines inégales, fçavoir AB, CA : & qu'au contraire u exprimant AE ; & z, EF ; AC devient égale à AB, c'eft-à-dire qu'elle a pour lors deux racines égales. C'eft-pourquoy on la multipliera par la progreffion arithmétique $1, 0, -1$: ce qui donne $x = z$; & fubftituant cette valeur à la place de x, il vient l'équation $u = 2z$ qui doit exprimer la nature de la ligne *AFG*. D'où l'on voit que *AFG* eft une ligne droite faifant avec *AO* l'angle *FAO* tel que *AE* eft double de *EF*.

Si l'on veut réfoudre cette queftion en général, de quelque degré que puiffent être les paraboles BFD, CDG; on fe fervira de la Méthode expliquée dans la Séction huitiéme, en cette forte. Nommant AE, u; EF, z; AB, x; l'on aura $\overline{u-x}^m \times x^n = z^{m+n}$ qui exprime en général la nature de la parabole BF, dont la différence donne (en traittant u & z comme conftantes, & x comme variable) $-m \times \overline{u-x}^{m-1} dx \times x^n + n x^n dx \times \overline{u-x}^m = 0$; & divifant par $\overline{u-x}^{m-1} dx \times x^{n-1}$, il vient $-mx + nu - nx = 0$: d'où l'on tire $x = \dfrac{n}{m+n} u$; & partant $u-x = \dfrac{m}{m+n} u$. Mettant donc ces valeurs à la place de $u-x$, & de x dans l'équation générale; & faifant (pour abreger) $\dfrac{m}{m+n} = p$, $\dfrac{n}{m+n} = q$, $m+n = r$, l'on aura $z = u \sqrt[r]{p^m q^n}$. D'où l'on voit que la ligne AFG eft toûjours droite, fi compofées que puiffent être les paraboles, n'y ayant que la raifon de AE à EF qui change.

On voit clairement par ce que l'on vient d'expliquer dans cette Séction, de quelle maniére l'on doit fe fervir de la Méthode de Mrs Defcartes & Hudde pour réfoudre ces fortes de queftions lorfque les Courbes font Geométriques. Mais l'on voit auffi en même temps qu'elle n'eft pas comparable à celle de M. Leibnis, que j'ay tâché d'expliquer à fond dans ce Traitté: püifque cette derniére donne des réfolutions générales où l'autre n'en fournit que de particulieres, qu'elle s'étend aux lignes Tranfcendentes, & qu'il n'eft point néceffaire d'ôter les incommenfurables; ce qui feroit tres fouvent impraticable.

F I N.

Fautes à corriger.

Pag. 2. *lig.* 24. *au lieu de* da, *mettez* dans. *Pag.* 12. *lig.* 31. *au lieu de* hyperpoles, *mettez* hyperboles. *Pag.* 32. *lig. derniere, au lieu de,* le 2. *mettez,* le poids 2. *Pag.* 53. *lig.* 2. *au lieu de* parallale, *mettez* parallele. *Pag.* 55. *lig.* 28. *aprés* LO — Hn, *ajoûtez,* ou Hn — LO. *Pag.* 57. *en marge, au lieu de* Fig. 48. 94. *mettez* Fig. 48. 49. *Pag.* 61. *lig.* 10. *ajoûtez,* il eſt à remarquer que AL ne peut jamais être $= x + \frac{ydx}{dy}$; car lorſque le point T tombe de l'autre côté du point P par rapport à l'origine A des x, la valeur de $\frac{ydx}{dy}$ ſera négative ſuivant l'article 10. & par-conſéquent celle de $- \frac{ydx}{dy}$ ſera poſitive : de ſorte qu'on aura encore en ce cas $AE + EL$ ou $AL = x - \frac{ydx}{dy}$. *Pag.* 67. *lig.* 15. *dans le dénominateur de la fraction, au lieu de* $- 4x^3$, *mettez* $- 4xx$. *Pag.* 88. *lig.* 9. *au lieu de* BF, *mettez* KP. *Pag.* 99. *lig.* 16. *effacez la particule* en *auparavant* $x = \frac{1}{2}a$, *& la mettez aprés.* *Pag.* 113. *lig.* 3. *au lieu de* CPM, *lifez* CMP. *Pag.* 120. *lig.* 11. *au lieu de* FHN, *mettez* HFN. *Pag.* 130. *lig.* 30. *au lieu de* a infinité, *mettez* à une infinité. *Pag.* 136. *lig.* 1. *au lieu de* PC, *mettez* KC.

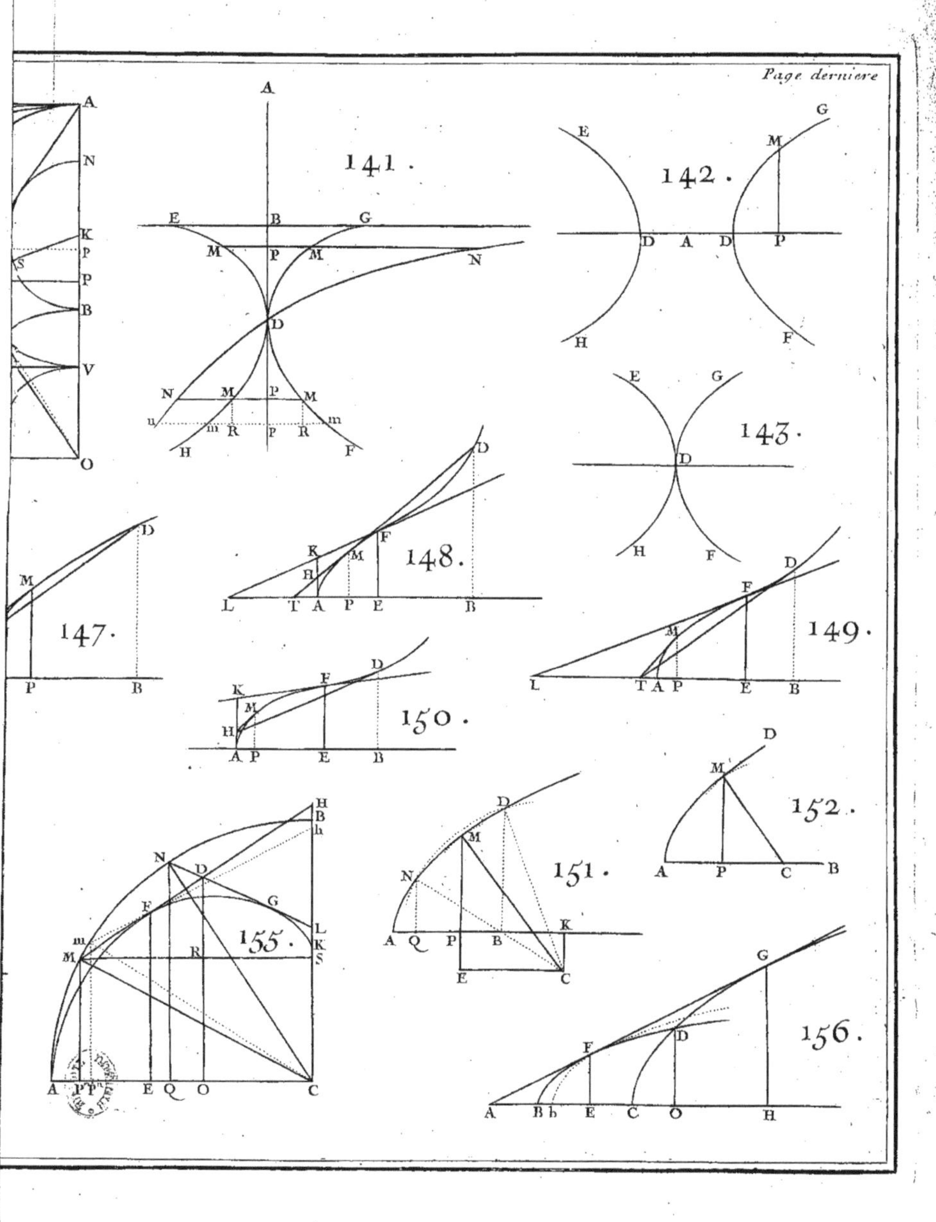

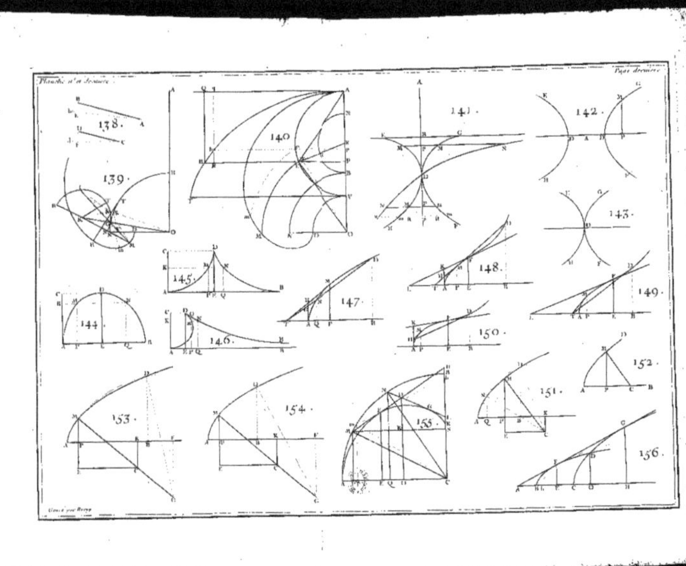

Planche d.e Geometrie.
Pl. derniere.
138.
139.
140.
141.
142.
143.
144.
145.
146.
147.
148.
149.
150.
151.
152.
153.
154.
155.
156.
Gravé par Benya.

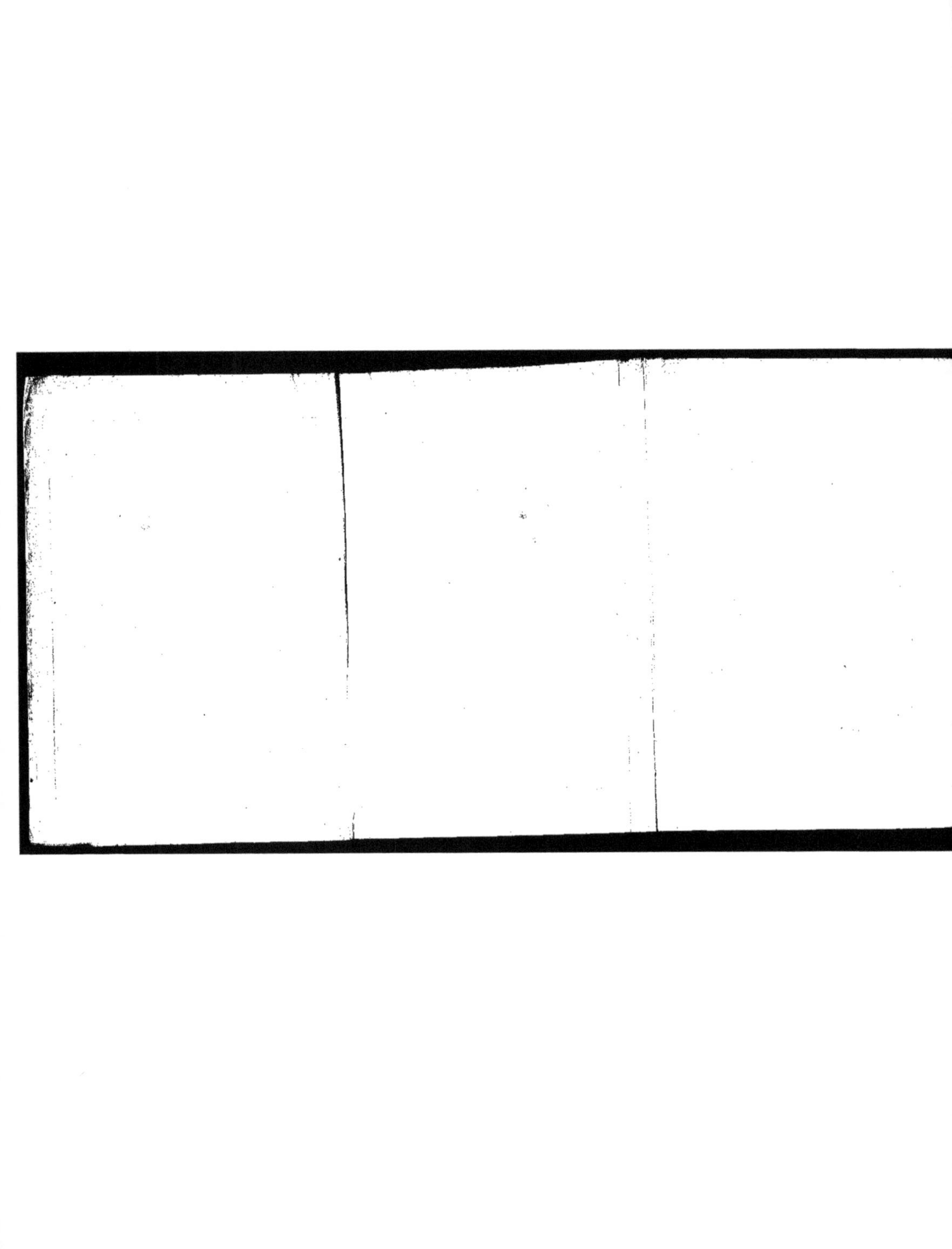

A PARIS,

DE L'IMPRIMERIE ROYALE.

Par les soins de JEAN ANISSON Directeur de
ladite Imprimerie.

M. DC. XCVI.